普通高等学校艺术设计专业"十四五"规划教材

SketchUp

草图大师基础操作
与实例教程

主编　田　飞　闫　磊

副主编　刘瑞斌　傅继强

江苏大学出版社

JIANGSU UNIVERSITY PRESS

镇江

图书在版编目(CIP)数据

SketchUp 草图大师基础操作与实例教程 / 田飞,闫
磊主编. — 镇江:江苏大学出版社,2018.12(2022.7重印)
ISBN 978-7-5684-0854-7

Ⅰ. ①S… Ⅱ. ①田… ②闫… Ⅲ. ①建筑设计-计算
机辅助设计-应用软件-教材 Ⅳ. ①TU201.4

中国版本图书馆 CIP 数据核字(2018)第 155400 号

SketchUp 草图大师基础操作与实例教程
SketchUp Caotu Dashi Jichu Caozuo yu Shili Jiaocheng

主　　编/田　飞　闫　磊
责任编辑/王　晶　吴昌兴
出版发行/江苏大学出版社
地　　址/江苏省镇江市梦溪园巷 30 号(邮编:212003)
电　　话/0511-84446464(传真)
网　　址/http://press.ujs.edu.cn
排　　版/镇江华翔票证印务有限公司
印　　刷/南京璇坤彩色印刷有限公司
开　　本/787 mm×1 092 mm　1/16
印　　张/8.25
字　　数/205 千字
版　　次/2018 年 12 月第 1 版
印　　次/2022 年 7 月第 2 次印刷
书　　号/ISBN 978-7-5684-0854-7
定　　价/56.00 元

如有印装质量问题请与本社营销部联系(电话:0511-84440882)

前言 Foreword

　　SketchUp 又名"草图大师"，是一款用于创建、共享和展示 3D 模型的软件。不同于3Ds Max，它是平面建模。在 SketchUp 中建立三维模型就像使用铅笔在图纸上作图一般，它的建模流程简单明了，画线成面，而后挤压成型，这也是建筑建模最常用的方法。SketchUp 软件不仅仅局限于设计草图阶段，还具备精确绘图的特点，而且与 CAD、Photoshop、Piranesi、lumion、3Ds Max、VRay 等软件的衔接也非常畅通。SketchUp 还提供庞大的线上模型资源库，可使人们提高效率，更加方便地以三维方式思考和沟通，是三维建筑设计方案创作的优秀工具。SketchUp 广泛应用于室内、建筑、规划、园林景观及工业设计等领域。

　　本书是融基础知识和实例教学于一体的专业基础教材，特点是注重系统性和实效性，注重知识和技能的渐进性与应用性。本书共 9 章，第 1 章至第 5 章是基础知识，详细介绍 SketchUp 特点、各种基础操作及工具的运用。第 6 章至第 9 章是实例教学，详细介绍 SketchUp 在室内、园林景观、建筑设计等领域的具体运用。

目 录 Contents

第 1 章　认识 SketchUp

1.1　SketchUp 概述

1.1.1　SketchUp 简介

Google SketchUp 是一套直接面向设计方案创作过程的设计工具，其创作过程不仅能够充分表达使用者的思想而且完全满足与客户即时交流的需要，它使得使用者可以直接在电脑上进行十分直观的构思，是三维设计方案创作的优秀工具。

SketchUp 的创作过程与使用者手工绘制构思草图的过程很相似，同时其成品通过导入其他着色、后期渲染软件可以继续形成照片级的商业效果图。SketchUp 是目前市面上为数不多的直接面向设计过程的设计工具，使用者可以直接在电脑上进行十分直观的构思，随着构思的不断清晰，细节不断增加，最终形成的模型可以直接交给其他具备高级渲染能力的软件进行最终渲染。这样，使用者可以最大限度地减少机械重复劳动，控制设计成果的准确性。

1.1.2　SketchUp 功能特点

SketchUp 提供了一种实质上可以视为"计算机草图"的手段，它吸收了"手绘草图"加"工作模型"两种传统辅助设计手段的特点，切实的使用数字技术辅助方案构思，而不仅仅是把计算机作为表现工具。SketchUp 主要有以下特点：

（1）独特简洁的界面，可以让使用者短期内掌握。

（2）适用范围广，可以应用在建筑、规划、园林、景观、室内及工业设计等领域。

（3）方便的推/拉功能，简单的建模方式，使使用者通过一个图形就可以方便地生成 3D 几何体，无需进行复杂的三维建模。

（4）可以快速生成任何位置的剖面，使设计者清楚地了解物体的内部结构，并且可以随意生成二维剖面图并快速导入 AutoCAD 进行处理。

(5) 可与 AutoCAD, 3Ds Max, Piranesi 等软件结合使用，快速导入和导出 dwg、dxf、jpg、3ds 格式文件，实现方案构思、效果图与施工图绘制的完美结合，同时提供与 AutoCAD 和 ArchiCAD 等设计工具的插件。

(6) 自带大量门、窗、柱、家具等组件库和建筑肌理边线需要的材质库。

(7) 具有草稿、线稿、透视、渲染等不同显示模式。

(8) 准确定位阴影和日照，使用者可以根据建筑物所在地区和时间实时进行阴影和日照分析。

(9) 可简便的进行空间尺寸和文字的标注，并且标注部分始终面向设计者。

(10) 轻松制作方案演示视频动画，全方位表达使用者的创作思路。

1.1.3 SketchUp 安装

无论选择哪个版本，SketchUp 在安装时都要选择典型安装，不建议改变默认的安装目录。以安装 SketchUp Pro 2017 为例：

(1) 双击"安装程序"开始安装 SketchUp Pro 2017，如图 1-1 所示。

图 1-1　安装 SketchUp Pro 2017

(2) 点击"下一个"按钮，如图 1-2 所示。

(3) 指定安装路径，如图 1-3 所示。

图 1-2　SketchUp 2017 安装向导　　　　图 1-3　选择安装路径

（4）正在安装界面如图1-4所示。

（5）如图1-5所示，单击"完成"按钮，安装结束。

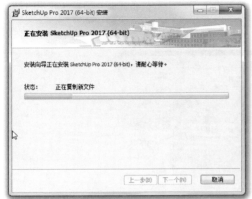

图1-4　正在安装

图1-5　完成安装

1.2　初始 SketchUp 工作界面与绘图环境

1.2.1　SketchUp 工作界面

打开 SketchUp Pro 2017 会出现欢迎使用界面，如图1-6所示。

图1-6　SketchUp Pro 2017 打开界面

该界面有"学习""许可证""模板"三个可展开的面板。

学习：单击该按钮，打开面板，里面提供有学习资源，可以学习如何使用 SketchUp。

许可证：该按钮打开后显示的是用户名、授权序列号等信息。

模板：单击该按钮，打开面板，可显示 SketchUp 自带的多个模板。

选择相应的模板后，单击"开始使用 SketchUp"就可以进入 SketchUp 的主界面。国内一般用的是毫米单位模板。确定模板后，就会打开工作界面，如图 1-7 所示。

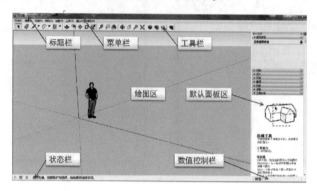

图 1-7　SketchUp Pro 2017 工作界面

SketchUp 2017 工作界面主要由标题栏、菜单栏、工具栏、绘图区、状态栏、数值控制栏和默认面板区组成。

1.2.1.1　标题栏

一般基于 Windows 环境下的应用程序都有标题栏，标题栏在界面的最上方，显示当前正在工作的软件名及文件名。它在绘图窗口的最顶部，右边是标准窗口控制按钮（"关闭""最小化""最大化"），左边是所打开的文件名。在刚开始运行 SketchUp 打开的窗口文件时，由软件统一默认显示为未命名，后期由使用者自己命名。

1.2.1.2　菜单栏

菜单栏在标题栏的下面。主菜单包括文件、编辑、查看、相机、绘图、工具、窗口、帮助八个菜单项。每个菜单项下都有下拉菜单项，SketchUp 的大多数命令都可以在菜单栏找到。

1.2.1.3　工具栏

工具栏在菜单栏的下面和左边，包含一系列用户化的工具和控制。SketchUp 2017 一共有 22 个悬浮工具栏，实际使用中不需要全部打开。可以在查看菜单中任意调用这些工具栏。

1.2.1.4　绘图区

绘图区是工作界面最大的区域，可以在绘图区绘制图形，编辑模型。在一个三维的绘图区中，可以看到绘图坐标轴。坐标轴分别以红、绿、蓝三种不同颜色显示，红色与绿色分别代表 X 轴与 Y 轴。XY 轴让我们分辨建构模型的表面（Surface），也就是 XY 轴表示地面，X 轴与 Y 轴的交点就是原点。垂直的蓝色轴是 Z 轴，显示三维空间的坐标轴实线部分的朝向。所有的轴正方向以实线表示，负方向以虚线表示。当改变视点时，这个将帮助在视觉上掌握模型的方向。

1.2.1.5　状态栏

状态栏位于绘图窗口左下方，左端是命令提示和 SketchUp 的状态信息。这些信息会随着绘制的对象而改变，但总的来说是对命令的描述，提供修改键和如何进行修改的信息。

1.2.1.6　数值控制栏

状态栏的右边是数值控制栏。数值控制栏显示绘图中的尺寸信息，也可以接受输入的数值。

1.2.1.7　默认面板区

默认面板区在绘图窗口的最右边，包括"图元信息""材料""组件""风格"四个重要的面板。

1.2.2　SketchUp 绘图环境的设置与优化

通常，用户打开软件后就开始绘制，但其实这种方法是错误的。因为很多工程设计软件，如 3Ds Max、AutoCAD、ArchiCAD、MicroStation 等，国外其默认情况下都是以英制单位作为绘图基本单位，然而国内一般都是以毫米为绘图基本单位。为了提高效率，绘图的第一步必须进行绘图环境的设置。设置步骤如下。

1.2.2.1　系统尺寸设置

（1）打开草图大师，在"窗口"中选择"模型信息"；

（2）如图 1-8 所示，在"模型信息"窗口中，选择左侧的"单位"，在右侧的长度单位中可以选择"mm"，这是常用的绘图单位。

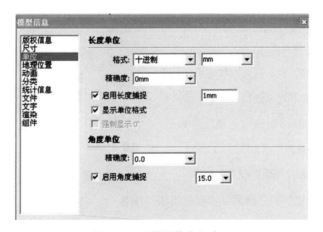

图 1-8　"模型信息"窗口

1.2.2.2　模板设置

（1）打开草图大师，在"窗口"中选择"系统设置"。

（2）在"系统设置"窗口左侧选择"模板"，如图 1-9 所示。

（3）在"系统设置"窗口右侧选择"毫米"为单位。注意：按此方法设置后，需要重新启动软件才有用。

（4）单击"常规"，打开隐藏面板，取消勾选"自动保存"，或者将对应的数值改为 60 以上，其他保持默认，如图 1-10 所示。

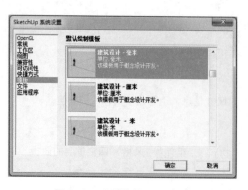

图1-9 "系统设置"窗口

图1-10 取消勾选"自动保存"

1.2.2.3 工具栏设置

SketchUp 2017 打开界面默认的是学习工具栏，共有 22 个工具栏，可以根据工作需要自由组合。一般情况下，选取"大工具集""风格""实体""沙盒""截面""视图""图层""阴影""相机"，其他根据工作性质随时调用。

打开 SketchUp 软件后，打开"视图"→"工具栏"，打开工具栏隐藏面板，勾选需要的工具栏。

1.2.2.4 天空与地面设置

SketchUp 工作界面中，默认有天空和地面，可根据工作性质不同，对天空和地面进行调整。

（1）打开最右侧默认面板的"风格"卷展栏，选择"编辑"→"背景设置"，如图1-11 所示；

（2）勾选"天空"和"地面"选项；

（3）依次单击"天空"和"地面"右侧的颜色块，打开颜色面板，调整天空和地面的颜色及透明度。

1.2.2.5 边线设置

SketchUp 2017 有多种边线显示模式，一般情况下，为了跟其他软件尤其是 CAD 的使用习惯相一致，可在 SketchUp 2017 中设置边线显示模式，使其与 CAD 边线显示保持一致。

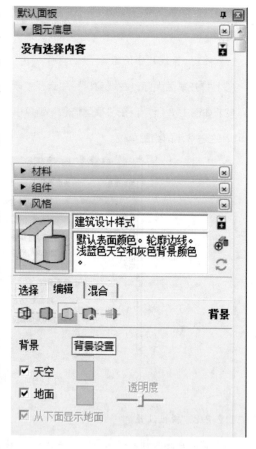

图1-11 天空与地面设置

如图 1-12 所示，单击"视图"→"边线类型"，取消勾选"轮廓线"选项。

图 1-12　边线设置

1.2.3　SketchUp 基本视图操作

同 3Ds Max 相比较，SketchUp 只有一个窗口。在这唯一的窗口中，它有六种视图模式，分别是等轴、俯视图、前视图、右视图、后视图、左视图。SketchUp 2017 通过视图工具栏和相机工具栏，来控制和观察工作区中的对象在窗口中的显示效果。

1.2.3.1　视图工具栏

如图 1-13 所示，视图工具栏共有 6 个视图工具。

图 1-13　视图工具栏

（1）等轴工具 ，可以让三维的对象立体显示。

（2）顶视图工具 ，相当于从正上方向下观察对象。

（3）前视图工具 ，相当于从正前方观察对象。

（4）右视图工具 ，相当于从正右方观察对象。

（5）后视图工具 ，相当于从正后方观察对象。

（6）左视图工具 ，相当于从正左方观察对象。

1.2.3.2　相机工具栏

相机工具栏如图 1-14 所示，对图中的各工具具体介绍如下：

图 1-14　相机工具栏

（1）环绕观察工具 ✛

功能：围绕模型移动相机，可以对对象进行环绕观察。

工具操作：① 单击绘图区内任意一处；② 向任意方向移动光标可绕绘图区中心转动。

功能键：运用环绕观察工具时，同时按下【Shift】键，将自动切换到平移工具。

（2）平移工具 ✋

功能：垂直或水平移动相机（即您的视角）。

工具操作：① 单击绘图区内任意一处；② 向任意方向移动光标进行平移。

（3）缩放工具 🔍

功能：将相机（即您的视角）推进或拉远。

工具操作：① 在绘图区中任意一处单击并按住鼠标；② 向上拖动光标可以放大（靠近模型），向下拖动则可以缩小（远离模型）。

（4）缩放窗口工具 🔎

功能：放大屏幕的特定区域。

工具操作：① 在距离要用缩放窗口显示的图元近处，单击并按住鼠标；② 按对角方向移动光标；③ 当所有图元都包含在缩放窗口中时释放鼠标。

（5）充满视窗工具 ✖ 和上一个工具 🔍

使用充满视窗工具缩放相机视野，以显示整个模型。

使用上一个工具操作，可以撤销当前视图操作并返回上一个视图。

（6）定位相机工具 ⛯

功能：将相机（即使用者的视角）置于特定的视点高度以查看视线或在模型中漫游。

工具操作：单击模型中的点，相机将置于一般眼睛所在的高度上，然后将自动进入绕轴旋转工具中。此工具跟环绕观察工具的差别在于，环绕观察工具是观察者在围绕对象动态观察，定位相机工具是观察者或者说是相机的位置是固定的，只能原地转圈移动观察对象，一般用于模型内部360°观察。如果想换地方观察，需要重新指定相机位置。

（7）绕轴旋转工具 👁

功能：围绕固定点移动相机（即使用者的视角）。

工具操作：① 单击可开始转动；② 上移或下移光标可倾斜，向右或向左移动光标可平移。

（8）漫游工具 👣

功能：在模型中行走（漫游）。

工具操作：① 在绘图区中任意一处单击并按住鼠标，该位置会显示一个小加号（十字准线）。② 通过上移光标（向前）、下移光标（向后）、左移光标（左转）或右移光标（右转）进行漫游。离十字准线越远，漫游得越快。

第 2 章　SketchUp 菜单栏及工具栏

2.1　SketchUp 菜单栏

2.1.1　文件菜单

在菜单栏中单击"文件"，可打开文件隐藏菜单，如图 2-1 所示。

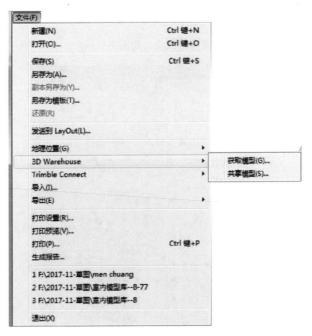

图 2-1　文件菜单

2.1.2 编辑菜单

在菜单栏中单击"编辑"，可打开编辑隐藏菜单，如图2-2所示。

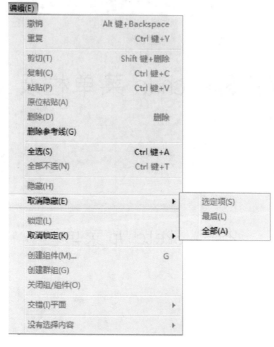

图 2-2　编辑菜单

2.1.3 视图菜单

在菜单栏中单击"视图"，可打开视图隐藏菜单，如图2-3所示。

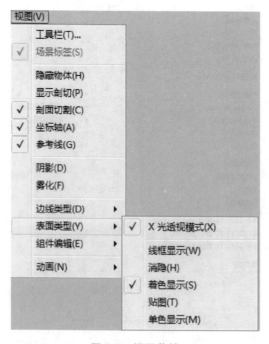

图 2-3　视图菜单

2.1.4　相机菜单

在菜单栏中单击"相机"，可打开相机隐藏菜单，如图 2-4 所示。

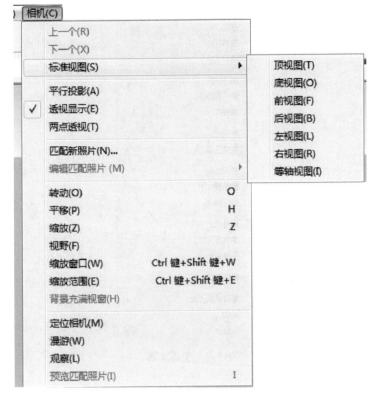

图 2-4　相机菜单

2.1.5　绘图菜单

在菜单栏中单击"绘图"，可打开绘图隐藏菜单，如图 2-5 所示。

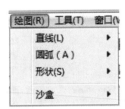

图 2-5　绘图菜单

2.1.6　工具菜单

在菜单栏中单击"工具"，可打开工具隐藏菜单，如图 2-6 所示。

图2-6　工具菜单

2.1.7　窗口菜单

在菜单栏中单击"窗口"，可打开窗口隐藏菜单，如图2-7所示。

图2-7　窗口菜单

2.1.8　帮助菜单

在菜单栏中单击"帮助"，可打开窗口帮助隐藏菜单，如图2-8所示。

图 2-8　帮助菜单

2.2　SketchUp 工具栏

2.2.1　标准工具栏

标准工具栏主要是管理文件、打印、查看和帮助。如图 2-9 所示，标准工具栏包括"新建""打开""保存""剪切""复制""粘贴""擦除""撤销""重做""打印"和"模型信息"等。

图 2-9　标准工具栏

2.2.2　绘图工具栏

绘图工具栏如图 2-10 所示，包括直线工具、手绘线工具、矩形工具、旋转矩形工具、圆工具、多边形工具、圆弧工具、三点画弧工具、扇形工具，这些是在 SketchUp 工作界面绘图的基本工具。

图 2-10　绘图工具栏

2.2.3　编辑工具栏和主要工具栏

图 2-11 所示是编辑工具栏，编辑工具是 SketchUp 最主要的工具之一，主要是对几何体进行编辑的工具。编辑工具栏包括"移动复制""推/拉""旋转""路径跟随""缩放"和"偏移复制"。

主要工具栏如图 2-12 所示，包括"选择""制作组件""材质"和"擦除"。

图2-11　编辑工具栏

图2-12　主要工具栏

2.2.4　大工具集工具栏

大工具集工作栏是 SketchUp 最常用的工具，是集合了主要工具、绘图工具、编辑工具、建筑施工工具、相机工具的一个合集。

2.2.5　Trimble Connect 工具栏

Trimble Connect 工具（见图2-13）是天宝建筑全生命周期的在线协作平台，是专为建筑施工项目设计的信息共享和协作平台，可以在云端组织、查看并存储项目交付信息，包括图纸、文件、照片和三维模型等，可与客户进行信息共享。

图2-13　Trimble Connet 工具栏

2.2.6　仓库工具栏

仓库工具栏如图2-14所示，包括 3d Warehouse 工具、分享模型工具、分享组件工具、Extension Warehouse 工具。3d Warehouse 是 SketchUp 的庞大的线上模型库。用户可以下载和分享 SketchUp 模型。

图2-14　仓库工具栏

2.2.7　地点工具栏和动态组件工具栏

地点工具栏（见图2-15）包括添加位置工具、切换地形工具和照片纹理工具。

动态组件工具（见图2-16）是 SketchUp 新增工具，常用于制作动态互交组件方面。动态组件工具栏包括与动态组件互动工具、组件选项工具和组件属性工具。

图2-15　地点工具栏

图2-16　动态组件工具栏

2.2.8　风格工具栏

风格工具栏（见图2-17）控制场景显示的风格模式，包括 X 光透视模式、线框模式、消隐模式、着色模式、材质贴图模式和单色模式。

图2-17　风格工具栏

2.2.9　高级相机工具栏

模拟现实世界的相机工作。高级相机工具栏（见图2-18）包括真实相机创建、查看相机、锁定/解锁当前相机、显示/隐藏相机、显示/隐藏相机视锥线、显示/隐藏相机视锥体、材质贴图模式和单色模式、清除纵横比返回默认相机等工具。

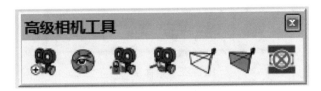

图2-18　高级相机工具栏

2.2.10　建筑施工工具栏

SketchUp中的建筑施工工具主要用于画作图时的辅助线，标注尺寸和编辑文字。建筑施工工具栏如图2-19所示，包括卷尺工具、尺寸工具、量角器工具、文字工具、轴工具和三维文字工具。

图2-19　建筑施工工具栏

2.2.11　截面工具栏

SketchUp中的截面工具可以很方便地完成剖面的制作，包括剖切面、显示剖切面、显示剖面切割。截面工具栏如图2-20所示。

图2-20　截面工具栏

2.2.12　沙盒工具栏

沙盒工具是SketchUp中的地形工具，用户可以很方便地完成地形的制作。沙盒工具栏（见图2-21）包括"根据等高线创建""根据等高线创建""曲面起伏""曲面平整""曲面投射""添加细部"和"对调角线"等工具。

图2-21　沙盒工具栏

2.2.13 实体工具栏

实体工具是用于创建复合物体的工具。实体工具栏如图2-22所示,包括"实体外壳""相交""联合""减去""剪辑"和"拆分"等工具。

图2-22 实体工具栏

2.2.14 相机工具栏

相机工具用于控制视图显示。相机工具栏(见图2-23)包括"旋转""平移""缩放""框选""充满视窗""上一个""定位相机""绕轴旋转"和"漫游"等工具。

图2-23 相机工具栏

2.2.15 视图工具栏

详细内容见本书1.2.3节内容。

2.2.16 图层工具栏

图层工具栏(见图2-24)提供了显示当前图层、了解选中实体所在的图层、改变实体的图层分配、开启图层管理器等常用的图层操作。

图2-24 图层工具栏

2.2.17 阴影工具栏

提供简洁的控制阴影的方法,包括阴影对话框、阴影显示切换及太阳光在不同日期和时间中的控制,如图2-25所示。

图2-25 阴影工具栏

第3章 SketchUp 基本绘图工具和辅助工具

SketchUp 的工具栏和其他应用程序的工具栏类似，可以非常自由地游离或者吸附到绘图窗口的边上，也可以根据需要拖拽工具栏窗口，调整其窗口大小。

3.1 绘图工具详解

3.1.1 直线工具 ✏

直线工具可用来绘制边线或直线图元。

3.1.1.1 基础操作

① 单击直线的起点。

② 移动光标。

③ 单击直线的终点。

④（可选）移动光标。

⑤（可选）单击创建连接的直线。

⑥（可选）重复步骤以创建连接的直线，或返回至第一条直线的起点以创建平面。

⑦ 直线段的精确绘制画线时，绘图窗口右下角的数值控制框中会以默认单位显示线段的长度。此时可以输入数值：a. 输入长度值；b. 输入一个新的长度值，回车确定（如果使用者只输入数字，SketchUp 会使用当前文件的单位设置）；c. 输入三维坐标。除了输入长度外，SketchUp 还可以输入线段终点的准确的空间坐标。

利用 SketchUp 强大的几何体参考引擎,使用者可以用直线工具在三维空间中绘制直线。在绘图窗口中显示的参考点和参考线,显示了使用者要绘制的线段与模型中的几何体的精确对齐关系。例如,要绘制的线平行于坐标轴时,线会以坐标轴的颜色亮显,并显示"在轴线上"的参考提示。如图 3-1 所示,当绘制的线平行于绿色轴线时,就会显示"在绿色轴线上"。

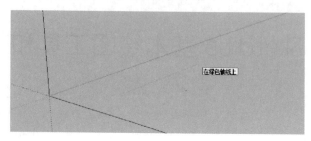

图 3-1　绘制的直线平行于坐标轴

参考还可以显示与已有的点、线、面的对齐关系。例如,移动鼠标到一边线的端点处,然后沿着轴向向外移动,会出现一条参考的点线,并显示"在点上"的提示。这表示现在对齐到端点上。这些辅助参考随时都处于激活状态。如图 3-2 所示。

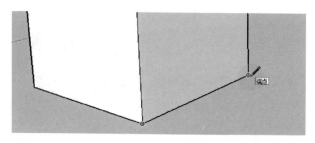

图 3-2　SketchUp 的自动捕捉

3.1.1.2　功能键

① 按【Shift】键,将直线锁定到当前的推导方向。用直线工具任意绘制一条线段后,按下【Shift】,将只能在刚才绘制的线段的延长线上继续绘制直线。

② 按箭头键,将直线锁定为具体的推导方向。用直线工具绘制直线,先单击一下,然后按下向上的方向键,将只能绘制与蓝色轴平行的线段;按下向左的方向键,将只能绘制与绿色轴平行的线;按下向右的方向键,将只能绘制与红色轴平行的线段;按下向下的方向键,将只能绘制与上一次绘制的线段平行的线段。

3.1.1.3　直线工具的实践运用

直线工具可以用来画单段直线、多段连接线,或者闭合的形体,也可以用来分割表面或修复被删除的表面。直线工具能让使用者快速准确地画出复杂的三维几何体。

（1）画一条直线

单击直线工具,在绘图区单击确定直线段的起点,往画线的方向移动鼠标,此时在数值控制框中会动态显示线段的长度。可以在确定线段终点之前或者画好后,从键盘输入一个精确的线段长度;也可以单击线段起点后，按住鼠标不放并拖拽，在线段终点处松开，此时也能画出一条线。

（2）创建表面

三条以上的共面线段首尾相连，可以创建一个表面。使用者必须确定所有的线段都是首尾相连的，在闭合一个表面的时候，使用者会看到"端点"的参考工具提示（见图3-3）。创建一个表面后，直线工具本次任务结束，但还处于使用者单击状态，此时使用者可以开始画其他的线段。

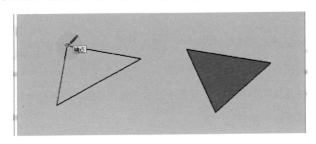

图3-3　创建表面

（3）分割线段

SketchUp 有一个独特的特性，如果在一条线段上开始画线，SketchUp 会自动把原来的线段从交点处断开。例如，要把一条线分为两半，就从该线的中点处画一条新的线，再次选择原来的线段，它已经被等分为两段了（见图3-4）。

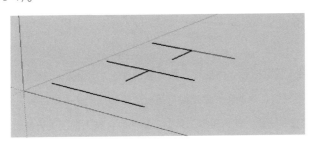

图3-4　分割线段

（4）分割表面

在一个表面画一条两端点均在表面边线上的线段，就可以分割表面（见图3-5）。

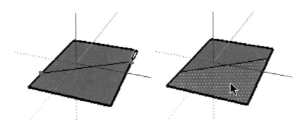

图3-5　分割表面

3.1.2　手绘线工具

手绘线工具用来绘制不规则的手绘曲线图元或三维折线图元。

3.1.2.1 基础操作

① 单击曲线的起点并按住鼠标。

② 拖动光标开始绘图。

③ 松开鼠标，单击鼠标左键停止绘制。

④（可选）将曲线终点设在起点处可绘制闭合图形（见图3-6）。

3.1.2.2 功能键

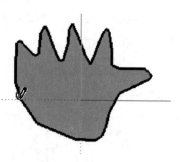

图3-6 绘制闭合图形

使用者可以用徒手线对导入的图像进行描图，勾画草图，从而方便地创建不规则的模型组件。若创建徒手草图物体，在用手绘线工具进行绘制之前先按住【Shift】键即可。要把手绘线工具创建的物体转换为普通的边线物体，只需在它的编辑菜单中选择三维折线"炸开"。

3.1.3 矩形工具

矩形工具通过使用两个对角点拉出矩形来绘制矩形表面，SketchUp 默认绘制时会自动捕捉平方（正方形）和黄金分割（比较美观，比例协调）方向。

3.1.3.1 基础操作

① 单击设置第一个角。

② 按对角方向移动光标。

③ 单击设置第二个角。

3.1.3.2 功能键

① 按住【Shift】键，锁定推导。用矩形工具任意创建一个矩形后，按【Shift】，就会锁定刚才创建的矩形所在的平面，再继续创建的矩形会自动与第一个矩形在一个平面上。

② 按箭头键，锁定表面法线。使用矩形工具创建矩形时，按下向上的方向键会锁定蓝色坐标轴，创建出与蓝色坐标轴垂直的矩形；按下向左的方向键会锁定绿色坐标轴，创建出与绿色坐标轴垂直的矩形；按下向右的方向键会锁定红色坐标轴，创建出与红色坐标轴垂直的矩形；按下向下的方向键，将只能创建与上一个创建的矩形平行的矩形。

3.1.3.3 矩形工具的实践运用

（1）绘制矩形

使用者单击矩形工具，单击确定矩形的第一个角点，移动光标到矩形的对角点，再次单击完成绘制（见图3-7）。

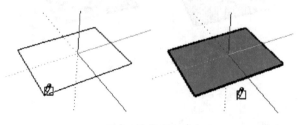

图3-7 绘制矩形

（2）绘制方形

使用者单击矩形工具，单击创建第一个对角点，将鼠标移动到对角，将会自动出现一条有端点的线条。使用方形工具将会创建出一个方形，单击结束。

提示：在创造黄金分割的时候，将会出现一条有端点的线和"黄金分割"的提示。

另外，使用者也可以在第一个角点处按住鼠标左键开始拖拽，在第二个角点处松开。不管用哪种方法，使用者都可以按【Esc】键取消操作。

（3）输入精确的尺寸绘制矩形

绘制矩形时，在右下角数值框输入"长，宽"的方式可以绘制精确尺寸的矩形。使用者可以在确定第一个角点后，或者刚画好矩形之后，通过键盘输入精确的尺寸即可。

如果使用者只是输入数字，SktechUp 会使用当前默认的单位设置。使用者可以只输入一个尺寸。如果使用者输入一个数值和一个逗号（3'），则表示改变第一个尺寸，第二个尺寸不变；如果输入一个逗号和一个数值（3'），则表示只改变第二个尺寸。

（4）利用参考来绘制矩形

使用者可以用矩形工具在三维空间中绘制。在绘图窗口中显示的参考点和参考线，显示了使用者要绘制的线段与模型中的几何体的精确对齐关系。

例如，移动鼠标到已有边线的端点上，然后再沿坐标轴方向移动，会出现一条虚线辅助线，并显示"在点上"的参考提示（见图 3-8）。这表示使用者正对齐于这个端点。使用者也可以用"在点上"的参考在垂直方向或者非正交平面上绘制矩形（见图 3-9）。

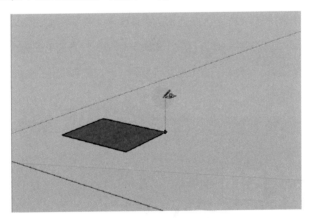

图 3-8　利用参考绘制矩形①

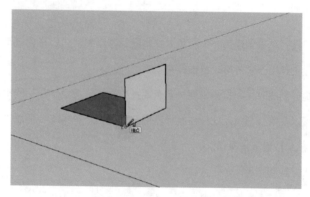

图 3-9　利用参考绘制矩形②

3.1.4　旋转矩形工具

旋转矩形工具与前面矩形工具不同的地方是可以绘制不同倾斜角度的矩形。

3.1.4.1　基础操作

① 单击设置第一个角。也可以选择单击并拖动第一个点，设置绘制平面。

② 围绕量角器移动光标以设置第一条边的方向。

③ 单击设置第二个角。

④ 移动光标以设置第二条边的长度和角度。

⑤ 单击以设置第三个和最后一个角。

3.1.4.2　旋转矩形工具的实践运用

旋转矩形工具可以用来绘制有倾斜角度的矩形。具体步骤：激活旋转矩形工具，在绘图区任意一点（如图3-10 a点）单击鼠标左键，然后在另一点（如图3-10 b点）再次单击左键；向右方水平方向拖动鼠标到任意一个位置，绘制出一个矩形；向上拖动鼠标到 c点，任意拉出一个角度，再次单击鼠标左键完成有倾斜角度的矩形的绘制。

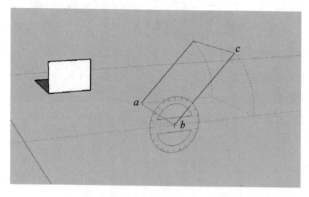

图 3-10　绘制有倾斜角度的矩形

3.1.5　圆形工具

圆形工具用于绘制圆实体。

3.1.5.1　基础操作

① 单击放置中心点。

② 从中心点向外移动光标以定义半径。

③ 单击完成圆的绘制。

3.1.5.2　功能键

① 按下【Ctrl】【＋】或【Ctrl】【－】组合键，可增加或减少组成圆的线段数。

② 按住【Shift】键，锁定推导。即用圆形工具创建圆时，按下【Shift】键，那么无论创建多少个圆，这些圆都在一个平面上。

③ 使用圆形工具的同时，按下向上的方向键，将只能创建与蓝色坐标轴垂直的圆形；按下向左的方向键将锁定绿色坐标轴，只能创建与蓝色坐标轴垂直的圆形；按下向右的方向键将锁定红色坐标轴，只能创建与红色坐标轴垂直的圆形；按下向下的方向键，将创建一个与上一个创建的圆形平行的圆形。

3.1.5.3　圆形工具的实践运用

（1）画圆

使用者单击圆形工具，在光标处会出现一个圆。如果使用者要把圆放置在已经存在的表面上，可以将光标移动到那个面上，SketchUp 会自动把圆对齐上去。使用者不能锁定圆的参考平面（如果没有把圆定位到某个表面上，SketchUp 会依据使用者的视图，把圆创建到坐标平面上）。使用者也可以在数值控制框中指定圆的片段数，确定方位后，再移动光标到圆心所在位置，单击确定圆心位置，从圆心往外移动鼠标来定义圆的半径。半径值会在数值控制框中动态显示，使用者可以从键盘上输入一个半径值，按回车确定，再次单击鼠标左键结束画圆命令。另外，使用者也可以单击确定圆心后，按住鼠标不放进行拖拽，拖出需要的半径后，松开鼠标完成圆的绘制，如图 3-11 所示。刚画好的圆，半径和片段数都可以通过数值控制框进行修改。

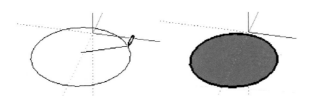

图 3-11　画圆

（2）指定精确的数值

使用者可以在数值控制框里输入圆的半径和构成圆的片段数。

指定半径：确定圆心后，使用者可以直接在键盘上输入需要的半径长度并回车确定。使用者也可以在画好圆后再输入数值来重新指定半径。

指定片段数：使用者刚单击圆形工具还没开始绘制时，数值控制框显示的是 "边"。这时使用者可以直接输入一个片段数。确定圆心后，数值控制框显示的是 "半径"，这时直接输入的数就是半径。如果使用者要指定圆的片段数，使用者应该在输入的数值后加上字母 s。画好圆后也可以接着指定圆的片段数。片段数的设定会保留下来，后面再画的圆会继承这个片段数。

（3）圆的片段数

SketchUp 中，所有的曲线（包括圆）都是由许多直线段组成的。

用圆形工具绘制的圆是由直线段围合而成的。虽然圆实体可以像一个圆那样进行修改，挤压的时候也会生成曲面，但本质上还是由许多小平面拼成。圆的片段数较多时，看起来就比较平滑。根据使用者的需要，使用者可以指定不同的片段数。较小的片段数值结合柔化边线和平滑表面也可以取得较光滑的几何体外观。

3.1.6　多边形工具

3.1.6.1　基础操作

① 单击放置中心点。

② 从中心点向外移动光标以定义半径。

③ 单击完成多边形的绘制。

3.1.6.2　功能键

① 用多边形工具创建任意一个多边形后，按【Ctrl】【+】或【Ctrl】【-】组合键，可以增加或减少多边形的边数。

② 使用多边形工具时，同时按下【Shift】键，所创建的多边形将都在同一个平面上。

③ 使用多边形工具时，按下向上的方向键会锁定蓝色坐标轴，创建出与蓝色坐标轴垂直的多边形；按下向左的方向键会锁定绿色坐标轴，创建出与绿色坐标轴垂直的多边形；按下向右的方向键会锁定红色坐标轴，创建出与红色坐标轴垂直的多边形；按下向下的方向键，将会创建与上一个创建的多边形平行的多边形。

3.1.6.3　多边形工具的实践运用

（1）绘制多边形

使用者单击多边形工具，在光标下出现一个多边形。如果使用者想把多边形放在已有的表面上，可以将光标移动到该面上，SketchUp 会进行捕捉对齐。使用者可以在数值控制框中指定多边形的边数，平面定位后，移动光标到需要的中心点处，单击确定多边形的中心，锁定多边形的定位。向外移动鼠标来定义多边形的半径，半径值会在数值控制框中动态显示，使用者可以输入一个准确数值来指定半径，再次单击完成绘制。如图 3-12 所示，使用者也可以在单击确定多边形中心后，按住鼠标左键不放进行拖拽，拖出需要的半径后，松开鼠标完成多边形绘制。

图 3-12　绘制多边形

（2）输入精确的半径和边数

① 输入边数

使用者刚单击多边形工具时，数值控制框显示的是边数，使用者也可以直接输入边数。绘制多边形的过程中或画好之后，数值控制框显示的是半径。此时，使用者如果还想输入边数，可在输入的数字后面加上字母's'（例如'$8s$'表示八角形），指定好的边数会保留给下一次绘制。

② 输入半径

确定多边形中心后，使用者就可以输入精确的多边形外接圆半径。使用者可以在绘制的过程中和绘制好以后对半径进行修改。

3.1.7 圆弧工具 🖉🖉🖉

圆弧工具用来绘制圆弧图元。SketchUp 2017 现在有三个圆弧工具。

3.1.7.1 圆弧 1 🖉

基础操作：

① 单击定义圆弧的圆心。可根据需要，单击并拖动第一个点，以设置绘制平面。

② 移动光标定义第一个圆弧点或输入半径。

③ 单击设置第一个圆弧点。

④ 移动量角器导引周围的光标或输入角度。

⑤ 单击设置第二个圆弧点。

提示： 单击"窗口"→"模型信息"→"单位"→"角度单位"以更改捕捉角度。

3.1.7.2 两点圆弧工具 🖉

用来绘制两点圆弧实体，基本操作如下：

① 单击设置圆弧的起点。

② 移动光标。

③ 单击圆弧终点或输入值。

④ 移动垂直于圆弧起点与终点间连线的光标设置凹凸距离或输入值。

⑤ 单击完成圆弧的绘制。

3.1.7.3 三点圆弧工具 🖉

基础操作：

① 单击设置圆弧的起点。

② 从起点移开光标。

③ 单击以设置第二个点，圆弧将始终通过该点，如图 3-13 所示。

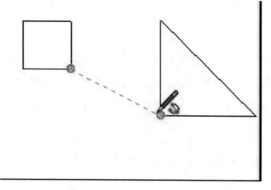

图 3-13　设置"三点圆弧"的第二个点

④ 将光标移动至端点。测量框中将出现一个角度，可输入一个准确的值。

⑤ 单击完成圆弧的绘制，如图 3-14 所示。

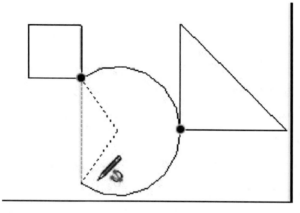

图 3-14　绘制圆弧

3.1.7.4　圆弧工具的实践运用

（1）绘制圆弧

使用者单击圆弧工具，单击确定圆弧的起点，再次单击确定圆弧的终点，移动鼠标调整圆弧的凸出距离。也可以输入确切的圆弧的弦长、凸距、半径、片段数。

（2）绘制半圆

调整圆弧的凸出距离时，圆弧会临时捕捉到半圆的参考点。注意"半圆"的参考提示。

（3）绘制相切的圆弧

绘制与已知线段或圆弧相切的圆弧，先捕捉直线或圆弧的一端点，拖出圆弧，当圆弧为蓝色时表示与直线相切。

单击选取第二点后，使用者可以移动鼠标打破切线参考并自己设定凸距（见图 3-15）。如果使用者要保留切线圆弧，只要在点取第二点后不要移动鼠标并再次单击确定。

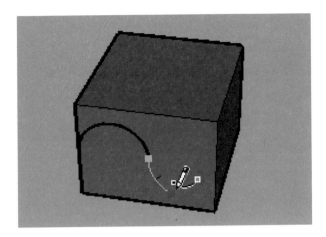

图 3-15　绘制相切的圆弧

3.1.8　扇形工具

扇形工具用于绘制扇形实体。基础操作如下：

① 单击定义扇形的圆心。可根据需要单击并拖动第一个点，以设置绘制平面。

② 移动光标定义第一个圆弧点或输入半径。

③ 单击设置第一个圆弧点。

④ 移动量角器导引周围的光标或输入角度。

⑤ 单击设置第二个圆弧点。

提示： 单击"窗口"→"模型信息"→"单位"→"角度单位"以更改捕捉角度。

3.2　选择与删除工具

3.2.1　选择工具

选择工具可以给其他工具命令指定操作的实体。使用者可以手工增减选集，选择工具也提供一些自动功能来加快工作流程。

3.2.1.1　基础操作

单击图元即可选择图元。

3.2.1.2　功能键

① 使用选择工具时，同时按下【Ctrl】键，将会向一组已选定的图元中添加图元。

② 使用选择工具时，同时按下【Shift】和【Ctrl】键，单击图元，会将这个图元从一组已被选定的

图元中去掉。

③ 使用选择工具时，同时按下【Shift】键，可切换添加或去掉选择。

④ 使用选择工具时，按下【Ctrl】和【A】键，将选择模型中所有可见的图元。

3.2.1.3　多种选择模式

（1）选择单个实体

① 使用者单击选择工具；② 单击实体，选中的元素或物体会以黄色亮显。

提示： 图层工具栏的列表中，选中的实体所在的图层会以黄色亮显并显示一个小箭头。使用者可以通过图层的下拉列表来快速改变所选实体的图层（如果选中了多个图层中的实体，列表中将显示箭头，但不会显示图层名称）。

（2）窗口选择和交叉选择

使用者可以用选择工具拖出一个矩形来快速选择多个元素和/或物体。

窗口选择：从左往右拖出的矩形选框只选择完全包含在矩形选框中的实体（见图3-16）。

交叉选择：从右往左拖出的矩形选框会选择矩形选框以内的和接触到的所有实体（见图3-17）。

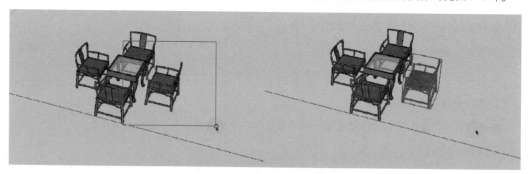

图3-16　窗口选择

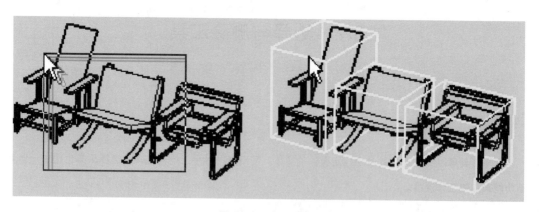

图3-17　交叉选择

（3）选择的添加和减除

使用者可以用【Ctrl】和【Shift】这两个修改键来进行扩展选择。按住【Ctrl】键，选择工具变为增加选择 ![图标]，可以将实体添加到选集中。按住【Shift】键，选择工具变为反选 ![图标]，可以改变几何体的选择状态（已经选中的物体会被取消选择，反之亦然）。同时按住【Ctrl】和【Shift】键，选择工具变为减少选择 ，可以将实体从选集中排除。

(4) 单击扩展选择

用选择工具在物体元素上快速单击数次会自动进行扩展选择。如图 3-18 所示，在表面上单击一次是选择表面；在表面上单击两次是同时选择表面及其边线；在表面上单击三次会同时选择该表面和所有与之有邻接的几何体。

使用选择工具时，使用者也可以右击鼠标弹出关联菜单。然后从"选择"子菜单中进行扩展选择。

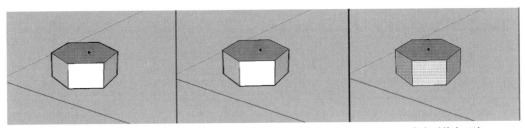

(a) 在表面单击一次　　　　　(b) 在表面单击两次　　　　　(c) 在表面单击三次

图 3-18　单击扩展选择

(5) 全部选择或取消选择

选择模型中的所有可见物体，可使用菜单命令（"编辑"→"全选"），或按组合键【Ctrl】+【A】。

取消当前的所有选择，在绘图窗口的任意空白区域单击即可。也可以使用菜单命令（"编辑"→取消选择），或按组合键【Ctrl】+【T】。

3.2.2　删除工具

删除工具主要用于删除图元，它的另一个功能是隐藏和柔化边线。

3.2.2.1　基础操作

单击要删除的图元，或者按住鼠标按键在图元上拖动，松开鼠标按键后所有被选中的图元就会被删除。

3.2.2.2　功能键

① 使用删除工具时，同时按下【Shift】键，单击图元，图元将会被隐藏。

② 使用删除工具时，同时按下【Ctrl】键，单击图元，将会对图元进行软化和平滑化。

③ 使用删除工具时，同时按下【Shift】和【Ctrl】键，将取消软化和取消平滑图元。

3.2.2.3　删除工具的实践运用

(1) 删除几何体

使用者单击删除工具，单击要删除的几何体；也可以按住鼠标不放，然后在那些要删除的物体上拖过，被选中的物体会亮显，再次放开鼠标就可以全部删除。

如果使用者偶然选中了不想删除的几何体，可以在删除之前按【Esc】键取消这次的删除操作。

如果鼠标移动过快，可能会漏掉一些线，把鼠标移动得慢一点，重复拖曳的操作，就像真的在用橡皮擦那样。

提示： 要删除大量的线，比较快的做法是先用选择工具进行选择，然后按键盘上的【Delete】键删除。使用者也可以选择编辑菜单中的删除命令来删除选中的物体。

（2）隐藏边线

使用删除工具的时候按住【Shift】键，其功能不是删除几何体，而是隐藏边线。

（3）柔化边线

使用删除工具的时候按住【Ctrl】键，其功能不是删除几何体，而是柔化边线。同时按住【Ctrl】和【Shift】键，就可以用删除工具取消边线的柔化。

3.3　编辑工具

3.3.1　移动工具 ✛

移动工具可用于移动、拉伸或复制图元。

3.3.1.1　基础操作

① 单击图元或者用选择工具预先选择多个图元。

② 将光标移至新的位置。

③ 单击完成移动操作。

3.3.1.2　功能键

① 使用移动工具将一图元朝任意轴线方向移动，按下【Shift】键，当前轴线方向将被锁定，图元将只能在被锁定的轴线方向上移动。

② 使用移动工具时，同时按下【Ctrl】键，图元不是被移动而是被复制。

3.3.1.3　移动工具的实践运用

（1）移动几何体

① 用选择工具指定要移动的元素或物体。

② 使用者单击移动工具。

③ 单击确定移动的起点。移动鼠标，选中的物体会跟着移动。一条参考线会出现在移动的起点和终点之间，数值控制框会动态显示移动的距离。使用者也可以输入一个距离值。

④ 再次单击确定。

选择和移动：在没有选择任何物体时单击移动工具，这时移动光标会自动选择光标处的任何点、线、面或物体。用这个方法，使用者一次只能移动一个实体；另外，用这个方法，点取物体的点会成为移动的基点。

如果使用者想精确地将物体从一个点移动到另一个点，应该先用选择工具来选中需要移动的物体，然后用移动工具来指定精确的起点和终点。

移动时锁定参考：在进行移动操作之前或移动的过程中，使用者可以按住【Shift】键来锁定参考。这样可以避免参考捕捉受到别的几何体的干扰。

（2）复制

移动工具可以复制图元。先用选择工具选中要复制的实体，然后单击移动工具，进行移动操作之前，按住【Ctrl】键，进行复制。在结束操作之后，注意新复制的几何体处于选中状态，原物体则取消选择。使用者可以用同样的方法继续复制下一个，或者使用多重复制来创建线性阵列。

（3）多重复制

首先，按上面的方法复制一个副本。复制之后，输入一个复制份数来创建多个副本。例如，输入"＊3"就会复制 3 份，如图 3-19 所示。

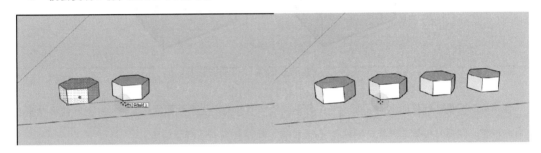

图 3-19　多重复制

使用者也可以输入一个等分值来等分副本到原物体之间的距离。例如，输入"/3"会在原物体和副本之间创建 2 个副本。在进行其他操作之前，使用者可以持续输入复制的份数及复制的距离，如图 3-20 所示。

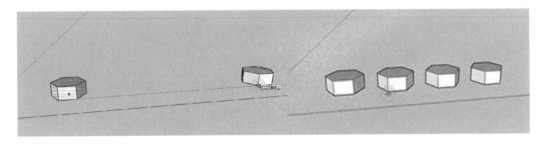

图 3-20　在原物体和副本之间创建其他副本

（4）拉伸几何体

当使用者移动几何体上的一个元素时，SketchUp 会按需要对几何体进行拉伸。使用者可以用这个方法移动点、边线及表面。直接使用移动工具，自动选择圆柱体的柱体直线，可以更改圆柱体的半径。例如，图 3-21 中所选表面可以向红轴的负方向移动或向蓝轴的正方向移动。

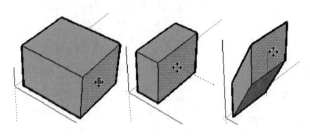

图 3-21　拉伸几何体（移动表面）

使用者也可以通过移动线段来拉伸一个物体。如图 3-22 所示，所选线段往蓝轴正方向移动，形成了坡屋顶。

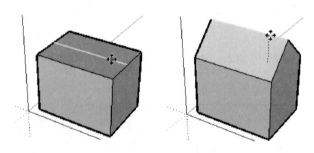

图 3-22　拉伸几何体（移动线段）

使用自动折叠进行移动/拉伸：如果一个移动或拉伸操作会产生不共面的表面，SketchUp 会将这些表面自动折叠。任何时候使用者都可以按住【Alt】键，强制开启自动折叠功能。

（5）输入准确的移动距离

移动、复制、拉伸时，数值控制框会显示移动的距离，长度值采用参数设置对话框中的单位标签里设置的默认单位。使用者可以指定准确的移动距离，终点的绝对坐标或相对坐标，以及多重复制的线性阵列值。

在移动中或移动后，使用者都可以输入新的移动距离，按回车确定。如果使用者只输入数字，SketchUp 会使用当前文件的单位设置。输入负值表示向鼠标移动的反方向移动物体。

3.3.2　推/拉工具 ◆

通过推/拉平面图元，可以增加或减少三维模型的体积。◆ 是 SketchUp 最具特色的建模方式，也是最基础、最重要的建模方式。推/拉工具可以用来扭曲和调整模型中的表面。用户可以用它来移动、挤压、结合和减去表面。

注意：推/拉工具只作用于表面，不能在线框显示模式下工作。

3.3.2.1　基础操作

① 单击平面。

② 移动光标可创建（或减少）体积。

③ 单击完成推/拉操作。

3.3.2.2 预选工具操作

① 使用选择工具 ![pointer] 选取一个平面。

② 激活推/拉工具。

③ 单击一下可设置推/拉起点。

④ 单击完成推/拉操作。

3.3.2.3 功能键

使用推/拉工具对立方体的某一表面进行推/拉时，按下【Ctrl】键，将会在这个表面再创建一个立方体。

3.3.2.4 推/拉工具的实践运用

使用者单击推/拉工具后，有两种使用方法可以选择：① 在表面按住鼠标左键拖拽，松开。② 在表面单击并移动鼠标，再单击确定。推/拉工具可以完全配合 SketchUp 的捕捉参考进行使用。

输入精确的推/拉值：推/拉值会在数值控制框中显示。使用者可以在推/拉的过程中或推/拉之后，输入精确的推/拉值进行修改。在进行其他操作之前可以一直更新数值。使用者也可以输入负值，表示往当前的反方向推/拉。

（1）挤压表面

推/拉工具的挤压功能可以用来创建新的几何体。使用者可以用推/拉工具对所有的平面进行挤压，如图 3-23 所示。

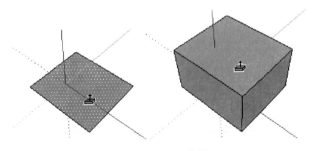

图 3-23　挤压表面

（2）重复推/拉操作

完成一个推/拉操作后，使用者可以通过鼠标双击对其他物体自动应用同样的推/拉操作数值。

（3）用推/拉工具挖空

如果使用者在一面墙或一个物体上画了一个闭合形体，那么用推/拉工具往实体内部推/拉，可以挖出凹洞。如果前后表面相互平行，使用者可以将其完全挖空，如图 3-24 所示。SketchUp 会减去挖掉的部分，从而挖出一个洞。

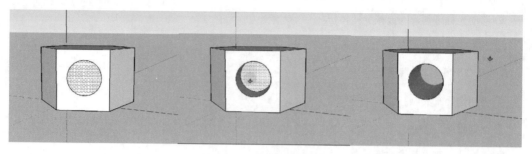

图 3-24　用推/拉工具挖空

（4）使用推/拉工具垂直移动表面

使用推/拉工具时，使用者可以按住【Ctrl】键强制表面在垂直方向上移动（见图 3-25）。这样可以使物体变形，或者避免不需要的挤压。同时，此操作会屏蔽自动折叠功能。

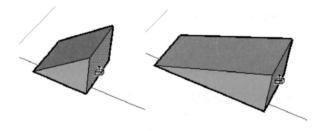

图 3-25　使用推/拉工具垂直移动表面

3.3.3　旋转工具 ⟳

旋转工具可沿圆形路径旋转、拉伸、扭曲或复制图元。可以在同一旋转平面上旋转物体中的元素，也可以旋转单个或多个物体。旋转某个物体的一部分，可以将该物体拉伸或扭曲。

3.3.3.1　基础操作

① 单击图元。根据需要，可单击并拖动第一个点，以设置旋转平面。

② 在圆中移动光标，直到到达旋转起点。

③ 单击设置旋转的起点。

④ 在圆中移动光标，直到到达旋转终点。

⑤ 单击完成旋转操作。

3.3.3.2　功能键

① 使用旋转工具将图元朝任意一个方向旋转后，再按下【Shift】键，图元将只能在刚才旋转的方向上旋转。

② 使用旋转工具时，同时按下【Ctrl】键，对图元进行旋转，图元将被旋转并复制。

③ 使用旋转工具时，按下向上的方向键会锁定蓝色坐标轴，图元只能在垂直于蓝色坐标轴的平面上旋转；按下向左的方向键会锁定绿色坐标轴，图元只能在垂直于绿色坐标轴的平面上旋转；按下向右的方向键会锁定红色坐标轴，图元只能在垂直于红色坐标轴的平面上旋转。

3.3.3.3　旋转工具的实践运用

（1）旋转几何体

① 用选择工具选中要旋转的元素或物体（见图3-26）。

② 单击旋转工具。

③ 在模型中移动鼠标时，光标处会出现一个旋转量角器，可以对齐到边线和表面上。使用者可以按住【Shift】键来锁定量角器的平面定位（见图3-27）。

④ 在旋转的轴点上单击放置量角器。使用者可以利用SketchUp的参考特性来精确地定位旋转中心。

⑤ 然后，单击选取旋转的起点，移动鼠标开始旋转。如果开启了参数设置中的角度捕捉功能，使用者会发现在量角器范围内移动鼠标时有角度捕捉的效果，光标远离量角器时就可以自由旋转了。

⑥ 旋转到需要的角度后，再次单击确定即可完成旋转（见图3-28）。使用者可以输入精确的角度和环形阵列值。

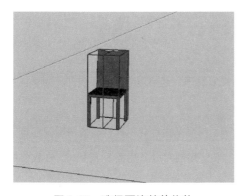

图3-26　选择要旋转的物体

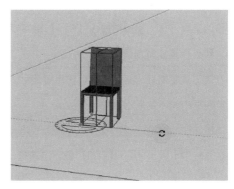

图3-27　锁定量角器的平面定位

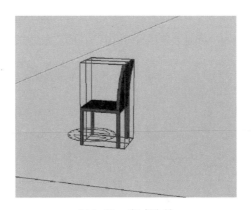

图3-28　完成旋转

提示： 使用者也可以在没有选择物体的情况下单击旋转工具。此时，旋转工具按钮显示为灰色，并提示使用者选择要旋转的物体。选好以后，可以按【Esc】键或旋转工具按钮重新运用旋转工具。

（2）旋转拉伸和自动折叠

当只选择物体的一部分时，旋转工具也可以用来拉伸几何体。如果旋转会导致一个表面被扭曲或变成非平面时，将使用 SketchUp 的自动折叠功能。

　　具体操作：如图 3-29 所示，选中多棱柱体的上顶面，然后单击旋转工具；用旋转工具将顶面按任意角度进行旋转，多棱柱的立面自动进行折叠变形，如图 3-30 所示。

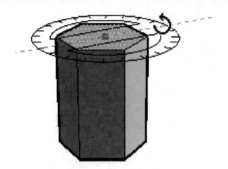　　

图 3-29　选择表面　　　　　　　　　　　　　　图 3-30　旋转拉伸物体

　　（3）旋转复制

　　与移动工具一样，旋转前按住【Ctrl】键可以开始旋转复制。

　　（4）利用多重复制创建环形阵列

　　用旋转工具复制好一个副本后，使用者还可以用多重复制来创建环形阵列。和线性阵列一样，可以在数值控制框中输入复制份数或等分数。

　　具体操作：a. 如图 3-31 所示，用选择工具选中椅子，然后单击旋转工具，在椅子周围任意一点单击，确定旋转中心；b. 按下【Ctrl】键，旋转椅子 30°，椅子复制完成（见图 3-32）；c. 在数值控制框输入"x11"，按下【Enter】键，椅子自动旋转并复制 11 份（见图 3-33）。

　　（5）输入精确的旋转值

　　进行旋转操作时，旋转的角度会在数值控制框中显示。在旋转的过程中或旋转之后，可以输入一个数值来指定角度。使用者也可以输入负值表示往当前指定方向的反方向旋转。

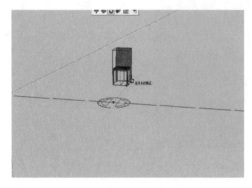　　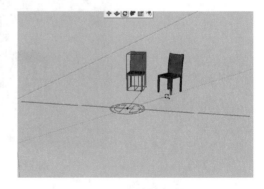

图 3-31　确定旋转中心　　　　　　　　　　　　图 3-32　旋转复制

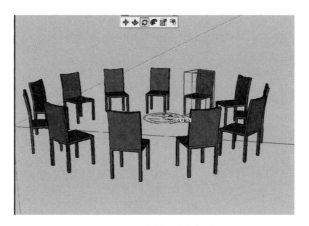

图 3-33　创建环形阵列

3.3.4　路径跟随工具 🎣

路径跟随工具可沿路径复制平面。

3.3.4.1　基础操作

① 找到要修改的几何图形的边线。此边线就是路径。

② 绘制一个垂直于路径的平面。

③ 单击跟随路径工具。

④ 单击②中绘制的平面。

⑤ 拖动光标直到路径末端。

⑥ 单击可完成"路径跟随"操作。

3.3.4.2　功能键

在使用路径跟随工具时，同时按下【Alt】键，将会自动将平面的周长当作为路径。

在使用放样工具时，路径和平面必须在同一个环境中。

3.3.4.3　路径跟随工具的实践运用

（1）手动沿路径挤压成面

使用放样工具手动挤压成面：

① 确定需要修改的几何体的边线。这个边线就叫"路径"。

② 绘制一个沿路径放样的剖面。确定此剖面与路径垂直相交（见图3-34）。

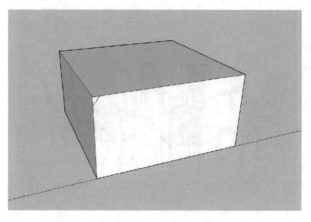

图 3-34　绘制剖面

③ 在工具菜单中先单击"放样"菜单，再单击剖面。

④ 移动鼠标，沿路径修改。在 SketchUp 中，沿模型移动指针时，边线会变成红色（见图 3-35）。为了使放样工具在正确的位置开始，在放样开始时必须选择邻近剖面的路径，否则，放样工具会在边线上挤压，而不是从剖面到边线。

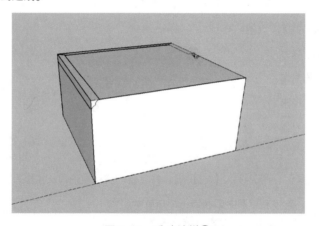

图 3-35　手动放样①

⑤ 到达路径的尽头时，单击鼠标，执行放样命令（见图 3-36）。

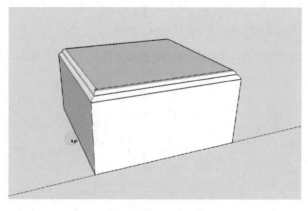

图 3-36　手动放样②

预先选择路径：使用选择工具预先选择路径，可以帮助放样工具沿正确的路径放样。

① 选择一系列连续的边线。

② 选择放样工具。

③ 单击剖面。该面将一直沿预先选定的路径挤压。

（2）自动路径挤压另一个面

最简单和最精确的放样方法，是自动选择路径。使用放样工具自动沿某个面路径挤压另一个面：

① 确定需要修改的几何体的边线。这个边线就叫"路径"。

② 绘制一个沿路径放样的剖面。确定此剖面与路径垂直相交。

③ 在工具菜单中选择放样工具，单击剖面。

④ 从剖面上把指针移到将要修改的表面。路径将会自动闭合。

注意： 如果路径是由某个面的边线组成，可以选择该面，然后放样工具自动沿面的边线放样。

（3）创造旋转面

使用放样工具沿圆路径创造旋转面：

① 绘制一个圆，圆的边线作为路径。

② 绘制一个垂直圆的表面（见图3-37），该面不需要与圆路径相交。

③ 选中圆，然后激活路径跟随工具单击步骤②中绘制的表面，这个表面就会沿路径旋转，自动生成一个锥体。

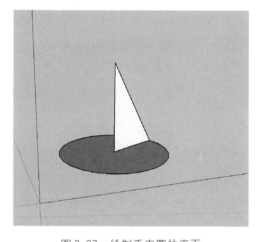

图3-37　绘制垂直圆的表面

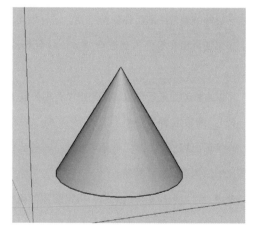

图3-38　沿圆路径放样

3.3.5　缩放工具

缩放工具可根据模型中的其他图元对几何图形进行大小调整和拉伸。

3.3.5.1　基础操作

① 单击图元（不能调整直线）。

② 单击缩放手柄。

③ 移动光标可调整图元比例。

④ 单击完成缩放操作。

3.3.5.2　功能键

① 使用缩放工具时，同时按下【Shift】键，则只能对被选中的物体进行等比例缩放。

② 使用缩放工具时，同时按下【Ctrl】键，则只能以被选中的对象物体的中心进行缩放。

3.3.5.3　缩放工具的实践运用

缩放工具可以缩放或拉伸选中的物体。

（1）缩放几何体

① 缩放三维几何体元素。

② 缩放二维表面或图像。

二维的表面和图像可以像三维几何体那样进行缩放。缩放一个表面时，比例工具的边界盒只有 8 个夹点。可以结合【Ctrl】键和【Shift】键来操作这些夹点，用法和三维边界盒类似。

缩放处于红绿轴平面上的一个表面时，边界盒只是一个二维的矩形。如果缩放的表面不在当前的红绿轴平面上，边界盒就是一个三维的几何体。使用者要对表面进行二维的缩放，可以在缩放之前先对齐绘图坐标轴到表面上。

③ 缩放组件和组。

缩放组件和组与缩放普通的几何体是不同的。

在组件外对整个组件进行外部缩放并不会改变它的属性定义，只是缩放了该组件的一个关联组件而已。该组件的其他关联组件保持不变。这样使用者就可以得到模型中的同一组件的不同缩放比例的版本。如果使用者在组件内部进行缩放，就会修改组件的定义，从而所有的关联组件都会相应地进行缩放。

可以直接对组进行缩放，因为组没有相关联的组。

（2）"缩放/拉伸"选项

除了等比缩放外，该工具还可以进行非等比缩放，即一个或多个维度上的尺寸以不同的比例缩放。非等比缩放也可以看作拉伸。

使用者可以选择相应的夹点来指定缩放的类型，如图 3-39 所示，比例工具显示所有可能用到的夹点。有些隐藏在几何体后面的夹点在光标经过时就会显示出来，且可以进行操作。使用者也可以打开 X 光透视显示模式，这样就可以看到隐藏的夹点。

对角夹点：对角夹点可以沿所选几何体的对角方向缩放。默认行为是等比缩放，在数值控制框中显示一个缩放比例或尺寸。

边线夹点：边线夹点同时在所选几何体的对边的两个方向上进行缩放。默认行为是非等比缩放，物体将变形。数值控制框中显示两个用逗号隔开的数值。

表面夹点：表面夹点沿着垂直面的方向在一个方向上进行缩放。默认行为是非等比缩放，物体将变形。数值控制框中显示和接受输入一个数值。

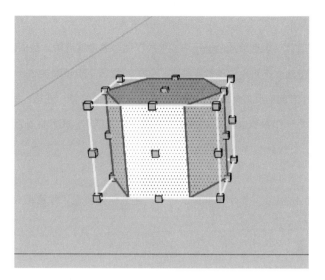

图 3-39　显示夹点

（3）缩放修改键

①【Ctrl】键：中心缩放

中心缩放是以所选对象的中心作为缩放的基点，如图 3-40 所示。

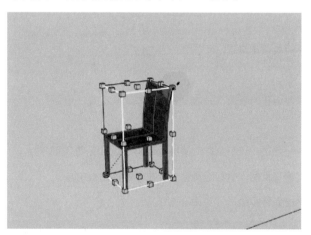

图 3-40　中心缩放

②【Shift】键：等比/非等比缩放

【Shift】键可以切换等比缩放。在非等比缩放操作中，使用者可以按住【Shift】键，这时就会对整个几何体进行等比缩放而不是拉伸变形。

同样的，在使用对角夹点进行等比缩放时，可以按住【Shift】键切换到非等比缩放。

③【Ctrl】+【Shift】键

同时按住【Ctrl】键和【Shift】键，可以切换到所选几何体的等比/非等比的中心缩放。

（4）使用测量工具进行全局缩放

比例工具可以缩放模型的一部分，另外还可以用 SketchUp 的测量工具对整个模型进行全局缩放。

(5）输入精确的缩放值

要指定精确的缩放值，可以在缩放的过程中或缩放以后，通过键盘输入数值。

输入缩放比例：直接输入不带单位的数字即可。例如，"2.5"表示缩放2.5倍；"-2.5"也是缩放2.5倍，但会往夹点操作方向的反方向缩放。这可以用来创建镜像物体。注意：缩放比例不能为0。

输入尺寸长度：输入一个数值并指定单位即可。例如，"2'6'"表示将长度缩放到2英尺6英寸；"2m"表示缩放到2米。

(6）镜像功能

通过往负方向拖拽缩放夹点，比例工具可以用来创建几何体镜像。注意缩放比例显示为负值（-1）时，就可以来强制物体镜像。

3.3.6 偏移工具

偏移工具可以对表面或一组共面的线进行偏移复制。使用者可以将表面边线偏移复制到源表面的内侧或外侧。偏移之后会产生新的表面。

3.3.6.1 基础操作

① 单击平面。

② 移动光标。

③ 单击完成偏移操作。

3.3.6.2 偏移工具的实践运用

(1）面的偏移

① 用选择工具选中要偏移的表面（一次只能给偏移工具选择一个面）。

② 单击偏移工具。

③ 单击所选表面的一条边，光标会自动捕捉最近的边线（见图3-41）。

④ 拖拽光标来定义偏移距离，偏移距离会显示在数值控制框中。

⑤ 单击确定，创建出偏移多边形（见图3-42）。

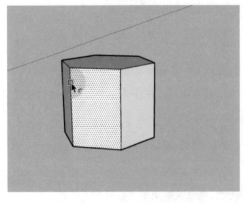
图3-41 选择表面的一条边

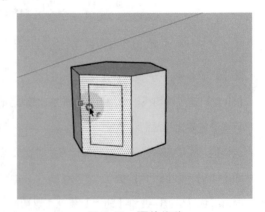
图3-42 面的偏移

提示：使用者可以在选择几何体之前就单击偏移工具，但这时先会自动切换到选择工具。选好几何体后，单击"偏移"按钮，或按【Esc】键或回车，可以回到偏移命令。

（2）线的偏移

使用者可以选择一组相连的共面的线来进行偏移。操作如下：

① 用选择工具选中要偏移的线。使用者必须选择两条以上的相连的线，而且所有的线必须处于同一平面上。使用者可以用【Ctrl】键和/或【Shift】键来进行扩展选择。

② 单击偏移工具。

③ 在所选的任一条线上单击，光标会自动捕捉最近的线段（见图3-43）。拖拽光标来定义偏移距离。

④ 单击确定，创建出一组偏移线（见图3-44）。

图3-43 单击所选的任一条线

图3-44 线的偏移

提示： 使用者可以在线上单击并按住鼠标进行拖拽，然后在需要的偏移距离处松开鼠标。

注意： 当使用者对圆弧进行偏移时，偏移的圆弧会降级为曲线，使用者将不能按圆弧的定义对其进行编辑。

（3）输入准确的偏移值

进行偏移操作时，会以默认单位来显示偏移距离。使用者可以在偏移过程中或偏移之后，在绘图窗口右下角的数值控制框输入数值来指定偏移距离。

输入一个偏移值：输入数值，并回车确定。如果使用者输入一个负值，表示往当前偏移的反方向进行偏移。

3.3.7 实例练习——书桌

操作步骤：

☞ **步骤1** 用矩形工具创建一个1 200* 600的矩形，再用推/拉工具向上推/拉750（见图3-45）。选择边线，按【Ctrl】键用移动工具向内复制线段，距离为30（见图3-46）。

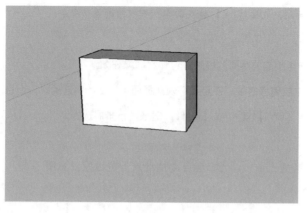

图 3-45　创建矩形并向上推/拉

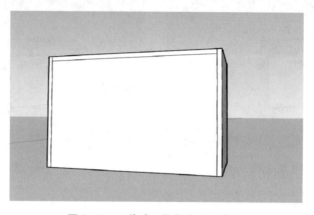

图 3-46　用移动工具向内复制线段

☞ **步骤 2**　用同样的办法把右边刚才复制的线段再向左复制一个，距离为 450，如图 3-47 所示。把中间上边的线段分割成两段，再选择右边的短线段，向下复制一条，距离为 150，然后在右下角数字控制栏输入"＊3"，一共复制 3 条线段，如图 3-48 所示。

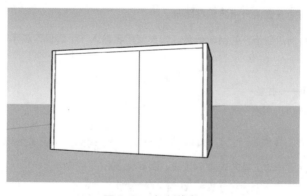

图 3-47　复制线段

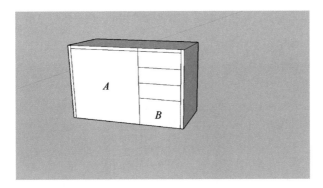

图 3-48　复制 3 条线段

☞ **步骤 3**　用推/拉工具把左边的最大的面（图 3-48*A* 面），向后推/拉，删除多余的体块。再用同样的方法删除右边下面的体块（图 3-48*B*），如图 3-49 所示。

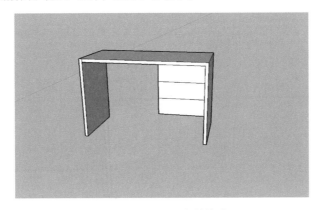

图 3-49　删除多余的体块

☞ **步骤 4**　用环绕观察工具把模型背面转过来，用直线工具补线，把桌子背板创建好，并向里推/拉 10（见图 3-50）。

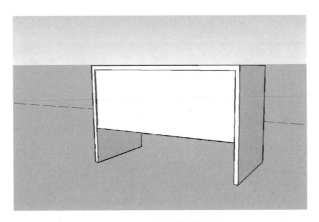

图 3-50　桌子背板的创建

用环绕观察工具把模型转到正面，用直线工具在右边三个抽屉中间画一条线段，这条线段自动被分割成三段（见图 3-51）。使用圆工具，用 SketchUp 自动捕捉到中点的特性，在三条短线段上，分别自动捕捉线段的中点，作为圆心画圆，半径为10。删除多余的线段，向外推/拉15，完成拉手的制作（见图3-52）。

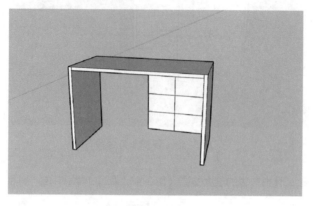

图 3-51　分割线段

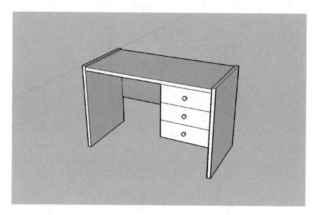

图 3-52　制作拉手

☞ **步骤5**　在桌子的上顶面，把左右边线往里各复制一条线段，然后向上推/拉10（见图3-52）。选中桌子，用材质工具给桌子贴一个木纹的纹理，完成桌子的制作（见图3-53）。

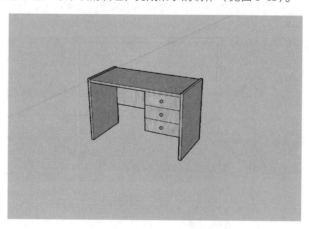

图 3-53　书桌制作完成效果图

3.4 辅助工具

3.4.1 卷尺工具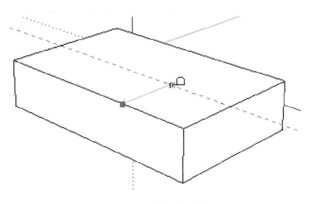

卷尺工具用于测量距离，创建引导线、点或调整模型比例。

3.4.1.1 基础操作

① 单击测量的起点。

② 移动光标。

③ 单击测量的终点。

3.4.1.2 卷尺工具的实践运用

（1）测量距离

卷尺工具可以测出模型中任意两点的准确距离。

（2）创建辅助线和辅助点

用工具在参考元素上单击，然后拖出辅助线。

① 从"在边线上"的参考开始，可以创建一条平行于该边线的无限长的辅助线。辅助线到原边线的距离，可以在窗口右下角的数值控制栏输入。

② 从端点或中点开始，会创建一条端点带有十字符号的辅助线段。辅助线段的长度，可以在窗口右下角的数值控制栏输入。

示例：先单击卷尺工具，然后在要放置平行辅助线的线段上单击，移动鼠标到放置辅助线的位置再次单击，创建辅助线（见图3-54）。

图 3-54　创建辅助线

（3）缩放整个模型

这个功能非常方便。可以在粗略的模型上研究方案，当使用者需要更精确的模型比例时，只要重新制定模型中两点的距离即可。不同于 CAD，SketchUp 可以让使用者专注于体块和比例的研究，而不用担心精确性，直到需要的时候再调整精度。

缩放模型的步骤如下：

① 单击卷尺工具。

② 单击作为缩放依据的线段的两个端点。这时不会创建出辅助线，而是会对缩放产生干扰。数值控制框会显示这条线段的当前长度。

③ 通过键盘输入一个调整比例后的长度，回车确定。出现一个对话框，询问使用者是否调整模型的尺寸。选择"是"，模型中所有的物体都按使用者指定的调整长度和当前长度的比值进行缩放。

3.4.2　尺寸标注工具

尺寸标注工具可以对模型进行尺寸标注（见图 3-55）。

3.4.2.1　基础操作

① 单击尺寸的起点 *a*。

② 移动光标。

③ 单击尺寸的终点 *b*。

④ 以垂直于尺寸坐标的方向移动光标。

⑤ 单击固定尺寸字符串的位置。

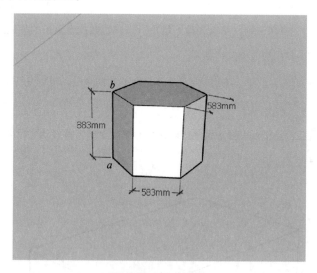

图 3-55　尺寸标注

SketchUp 中的尺寸标注工具可以方便地为 3D 模型进行标注。边线和点都可用于放置标注。适合的标注点包括端点、中点、边线上的点、交点及圆或圆弧的圆心。

3.4.3 量角器工具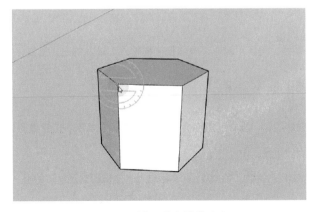

量角器工具用于测量角度并创建有角度的辅助线。

3.4.3.1 基础操作

① 将量角器中心放到角的顶点（两条直线相交处）。

② 单击设置顶点。根据需要，可点击并拖动第一个点，以设置旋转平面。

③ 在圆中移动光标，直到触及角的始端（其中一条直线）。

④ 单击设置角的始端。

⑤ 在圆中移动光标，直到触及角的末端（另一条直线）为止。

⑥ 单击可测量角。

3.4.3.2 量角器工具的实践运用

（1）测量角度

① 使用者单击量角器工具。出现一个量角器（默认对齐红/绿轴平面），中心位于光标处。

② 当使用者在模型中移动光标时，量角器会根据旁边的坐标轴和几何体而改变自身的定位方向。按住【Shift】键可锁定需要的量角器定位方向，另外按住【Shift】键也会避免创建出辅助线。

③ 把量角器的中心设在要测量的角的顶点上。

④ 将量角器的基线对齐到测量角的起始边上，单击"确定"。

⑤ 拖动鼠标旋转量角器，捕捉要测量的角的第二条边。光标处会出现一条绕量角器旋转的点式辅助线。再次单击完成角度测量。角度值会显示在数值控制框中。

（2）创建角度辅助线

① 使用者单击量角器工具。

② 捕捉辅助线将经过的角的顶点，单击放置量角器的中心（见图3-56）。

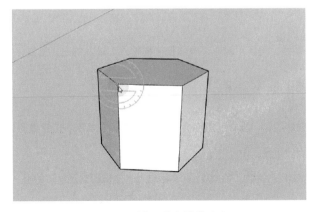

图 3-56 放置量角器的中心

③ 在已有的线段或边线上单击，将量角器的基线对齐到已有的线上（见图3-57）。

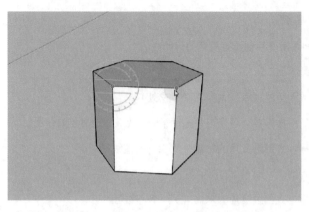

图 3-57　将量角器基线对齐已有的线

④ 出现一条新的辅助线，移动光标到相应的位置（见图 3-58）。角度值会在数值控制框中动态显示。

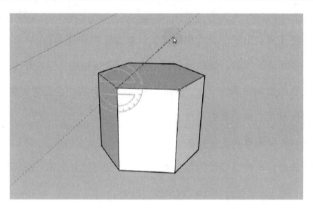

图 3-58　选取合适的角度，创建辅助线

⑤ 量角器有捕捉角度，可以在参数设置的单位标签中进行设置。当光标位于量角器图标之内时，会按预测的捕捉角度来捕捉辅助线的位置。如果要创建非预设角度的辅助线，只要让光标离远一点即可。

⑥ 再次单击放置辅助线。角度可以通过数值控制框输入。输入的是角度值，在进行其他操作之前可以持续输入修改。

（3）输入精确的角度值

用量角器工具创建辅助线时，旋转的角度会在数值控制框中显示。使用者可以在旋转的过程中或完成旋转操作后输入一个旋转角度。

输入角度：直接输入十进制数。输入负值表示往当前鼠标指定方向的反方向旋转。例如，输入"34.1"表示 34.1°的角。

3.4.4　文字工具

文字工具用来将文字物体插入到模型中。SketchUp 中主要有两类文字：引注文字和屏幕文字。

（1）放置引注文字

具体步骤：

① 使用者单击文字工具，并在实体上（表面、边线、顶点、组件、群组等）单击，指定引线所指的点。

② 单击"放置文字"。

③ 在文字输入框中输入注释文字。按两次回车或单击文字输入框的外侧完成输入。任何时候按【Esc】键都可以取消操作。

文字可以不需要引线而直接放置在 SketchUp 的实体上。

引线有两种主要的样式：基于视图和三维固定。基于视图的引线会保持与屏幕的对齐关系。三维固定的引线会随着视图的改变而和模型一起旋转。使用者可以在参数设置对话框的文字标签中指定引线类型。

（2）放置屏幕文字

具体步骤：

① 使用者单击文字工具，并在屏幕的空白处单击。

② 在出现的文字输入框中输入注释文字。

③ 按两次回车或单击文字输入框的外侧完成输入。屏幕文字在屏幕上的位置是固定的，不受视图改变的影响。

（3）编辑文字

用文字工具或选择工具在文字上双击即可编辑。使用者也可以在文字上右击鼠标弹出关联菜单，再选择"编辑文字"。

（4）文字设置

用文字工具创建的文字可使用"参数设置"对话框中的"文字标签"进行设置。包括设置引线类型、引线端点符号、字体类型和颜色等。

3.4.5　坐标轴工具

坐标轴工具用来移动绘图轴或重新确定绘图轴方向。

坐标轴工具允许使用者在模型中移动绘图坐标轴。使用这个工具可以让使用者在斜面上方便地建构矩形物体，也可以更准确地缩放那些不在坐标轴平面的物体。

3.4.5.1　基础操作

① 单击坐标轴工具，将光标移至绘图区中的某点作为新的原点。

② 单击可建立原点。

③ 从原点移开光标以设置红轴的方向。

④ 单击鼠标左键，步骤③中设置的红轴的方向将被确定并锁定。

⑤ 从原点移开光标以设置绿轴的方向。

⑥ 单击鼠标左键，确定并锁定步骤⑤中设置的绿轴的方向。

3.4.5.2　坐标轴工具的实践运用

重新定位坐标轴：

① 使用者单击坐标轴工具，这时使用者的光标处会附着一个红/绿/蓝坐标符号，它会在模型中捕捉参考对齐点。

② 移动光标到要放置新坐标系的原点。通过参考工具提示来确认是否放置在正确的点上并单击确定。

③ 移动光标来对齐红轴的新位置。利用参考提示来确认是否正确对齐并单击确定。

④ 移动光标来对齐绿轴的新位置。利用参考提示来确认是否正确对齐并单击确定。这样就重新定位好坐标轴了，蓝轴垂直于红/绿轴平面（见图3-59）。

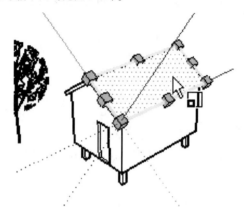

图 3-59　重新定位坐标轴

3.4.6　三维文字工具

使用字体库的字体创建三维文字。

基础操作：

① 单击三维文字工具，打开文字框。

② 在对话框中输入文字。

③ 设置输入文字的字体、高度，勾选"填充"和"已延伸"选项（见图3-60）。

图 3-60　"放置三维文本"对话框

④ 单击"放置"按钮。

⑤ 移动光标以定位文字的方向。

⑥ 单击完成三维文字的创建（见图 3-61）。

图 3-61　创建完成的三维文字

3.5　群组和组件

3.5.1　群组

群组可以把场景中的物体临时集合捆绑成组，方便选择、组织管理场景。

组有以下优点：

① 快速选择：选取一个组时，组内的所有元素都会被选中。

② 几何体隔离：编组可以使组内的几何体与模型的其他部分隔开，意味着不会被其他几何体修改。

③ 帮助组织模型：可把几个小组编为一个大组，建立分层级的组。

④ 改善性能：用组来划分模型可使 SketchUp 更有效地利用计算机资源，加快绘图与显示操作。

⑤ 组的材质：分配给组的材质会被组内使用默认材质的几何体继承，而指定了其他材质的几何体则保持不变。这样就可以给组的特定表面上色（取消组，可以保留替换了的材质）。

创建组的方法：选择"编辑"菜单→"编组"选项。

（1）将几何体编组

① 使用选择工具，选取要编组的几何体。

② 在"编辑"菜单中选择"编组"，也可在选集上右击，在关联菜单中选取"编组"。几何体编组后，在外侧会有一个亮显的边界盒。

（2）取消（炸开）组

① 选取要取消（炸开）的组。

② 从"编辑"菜单中选择"炸开/取消组",或右击组并从关联菜单中选择"炸开",炸开后,组会恢复到编组前的状态,炸开组群会变为独立的组。

(3)编辑组

要编辑组内几何体,首先想到的是炸开组,但这很麻烦。为此 SketchUp 提供了组的就地编辑功能,双击群组物体即可进入编辑状态。可以进行组内移动、组内删除、组内创建元素、组内复制,还可以将组内元素移动/复制到组外,组内元素移动/复制到其他组,组外元素移动/复制到组内。

就地编辑时,只能修改组内的几何体。不过仍可以利用外部几何体进行参考捕捉。

在组外的任一点右击,或者在组的关联菜单中选取"关闭组"可以结束编辑,也可以选择"编辑"菜单下的"关闭组"选项。

(4)组的嵌套

群组中包含群组。

3.5.2　组件

在 SketchUp 中,组件是将一个或多个几何体的集合定义为一个单位,使之可像一个物体一样进行操作。组件与组类似,但组件在与其他用户或其他 SketchUp 组件之间共享数据时更方便。组件可以是独立的物体,如家具(桌子、椅子),也可以是建筑物的构件,如门窗等,也可以是配景,如人物、植物。组件的尺寸和范围不是事先设定好的,也没有限制。组件提供以下功能:

① 关联行为。对一组关联组件中的一个进行编辑,其他所有关联件也会同步变化。

② 组件库。SketchUp 附带有一系列预设的组件库,也可以创建自己的组件库,并和他人享用。

③ 文件链接。组件只存在于创建它的文件中(内部组件),或者将组件导出用到别的 skp 文件中。

④ 组件替换。可以用别的.skp 文档的组件来替换当前文档的组件。这样可以进行不同细节的建模和渲染。

⑤ 特殊的对齐行为。组件可以对齐到不同的表面上,和/或在组件与表面相交的剪切位置开口。组件还可以安放自己的内部坐标轴。

(1)创建组件

先选择要创建为组件的几何体,然后从"编辑"菜单中选择"创建组件",也可以单击标准工具栏的"创建组件"按钮。SketchUp 会打开一个对话框,设置组件的一些属性,如名称、注释、材质。

提示:如果在线框模式下创建组件,则组件将不包括任何表面,否则应先选择好显示模式。

"创建组件"对话框如图 3-62 所示。

设置组件轴:如果没有选择此项,组件插入的朝向

图 3-62　"创建组件"对话框

SketchUp 制图大师基础操作与实训教程

与绘制组件时相同。也就是说，在红/绿轴面上创建的组件插入时也将与红/绿轴面对齐。选取此项后，可以在下面的下拉列表中选择组件的红/绿轴面要对齐的表面类型。

切割开口：如果创建的组件必须在表面上开洞，如安放门窗，必须选择此项。

用组件替换选择内容：将创建组件的原物体转换为组件。如果没有选取此项，则原来的几何体保持不变。

（2）插入组件

在 SketchUp 中，插入组件有以下几种方法。

用组件浏览器：组件浏览器提供了 SketchUp 组件库的目录表供选用插入。从组件浏览器中选择一个组件，然后在绘图窗口中单击，即可放置该组件。如果在模型中放置或创建了组件，这些组件会添加到"模型中"组件库中，可以从"模型中"标签中看到。

从已有的.skp 文件插入组件：选择（"文件"→"导入"→"组件"…）激活打开文件对话框，然后选择一个文件。也可以单击组件浏览器上的文件夹图标来选择外部文件。直接从资源管理器中将.skp 文件拖放到绘图窗口中，则这个文件将作为组件插入。

注意：在组件的设置中选择适当的组件插入行为。默认的插入点是组件内部的坐标原点，要改变默认的插入点，可以在插入组件之前改变作为组件的文件的坐标位置。

（3）移动/旋转组件

组件可像几何体一样移动和旋转。

（4）组件的关联行为

放置在场景中的组件依赖于"组件的定义"。所有的关联组件都使用相同的组件定义，所以编辑一个组件就能同时编辑所有的组件（组却不具备这种关联行为）。每个关联组件都有自己的位置、方法、缩放比例和材质。但是任何时候，组件内的几何体都是由组件定义决定的。

（5）组件的就地编辑

与组的就地编辑类似，组件也能就地编辑，并不需要炸开组件。就地编辑时绘图窗口的显示会有所改变，只亮显要编辑的组件，可以进入组件内部编辑组件内的几何体，而不受组件模型的干扰。

（6）将内部组件保存为外部文件

要将一个组件保存为一个独立的.skp 文件，在组件的关联菜单中选择"另存为"即可。这样，组件也可以在别的模型中应用。

3.6 实例练习——鞋柜

多种工具联合使用，创建鞋柜。

操作步骤：

☞ **步骤1** 用矩形工具绘制一个 950* 400 的矩形（见图 3-63），再用推/拉工具向上推/拉 1 050（见图 3-64）。

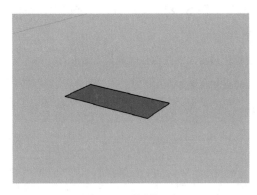

图 3-63 绘制矩形

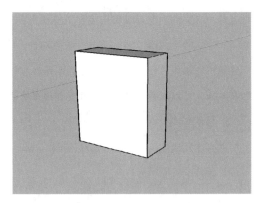

图 3-64 向上推/拉矩形

☞ **步骤2** 用旋转观察工具把底面转过来（见图 3-65），双击底面，此时，底面 *a* 及底面的四条边线会被同时选中。按【Shift】+【Ctrl】键，再次单击底面，底面就会从选择状态中减去，只剩下四条边线被选中（见图 3-66）。

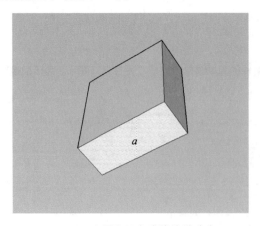

图 3-65 底面和四条边线均被选中

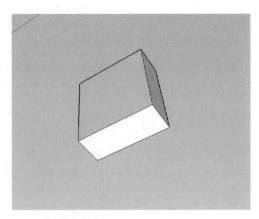

图 3-66 底面的四条边线被选中

☞ **步骤3** 按【Ctrl】键同时激活移动工具，沿边线，向上复制底面的边线，距离为 80（见图 3-67）。再用推/拉工具向外推/拉 15（见图 3-68）。

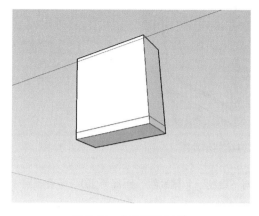

图 3-67　复制底面边线

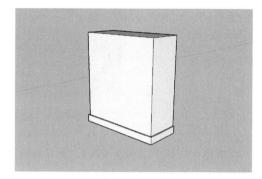

图 3-68　向外推/拉

☞ **步骤4** 用同样的办法选择顶面的边线（见图 3-69），向下复制线段，距离为 20（见图 3-70）。

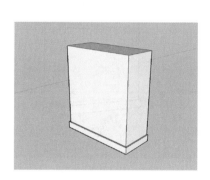

图 3-69　选择顶面边线

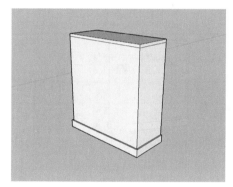

图 3-70　复制顶面边线

☞ **步骤5** 用卷尺工具以鞋柜的前立面为基础，向内画辅助线，距离为 30（见图 3-71）。以鞋柜的前立面与顶板的交接线为基础，向下画辅助线，距离为 30（见图 3-72）。以鞋柜的前立面与底板的交接线为基础，向上画辅助线，距离为 30（见图 3-73）。

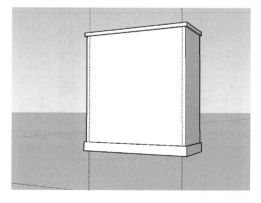

图 3-71　在前立面内侧绘制辅助线

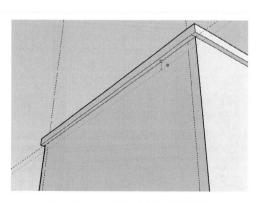

图 3-72　在顶板下方绘制辅助线

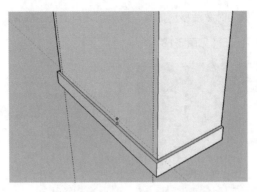

图 3-73　在底板上方绘制辅助线

☞ **步骤 6**　用卷尺工具从顶板下的辅助线开始，向下绘制一条辅助线，距离为 150。接着以刚才画的辅助线为基础，再往下绘制一条辅助线，距离为 30（见图 3-74）。再用矩形工具捕捉辅助线的交叉点绘制面（见图 3-75）。

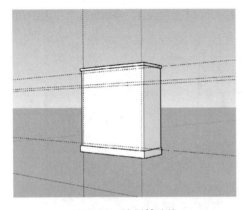

图 3-74　绘制辅助线

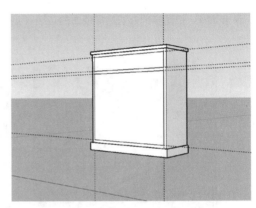

图 3-75　绘制面

☞ **步骤 7**　用直线工具绘制中线，选择图 3-75 中上面小矩形的中线段，沿边线向左复制，距离为15；再把刚复制出来的线段向右复制，距离为 30（见图 3-76）。用偏移工具将 b 面和 c 面的四条边向内偏移 60，再继续向内偏移 15，创建柜门上的造型线条（见图 3-76）。

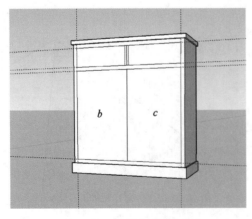

图 3-76　绘制中线并复制

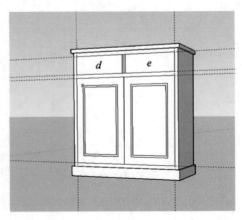

图 3-77　创建柜门上的造型线条

☞ **步骤 8**　用推/拉工具将图 3-77 所示的 *d* 面和 *e* 面向后推/拉 350（见图 3-78）。

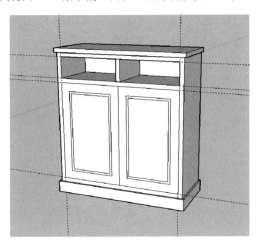

图 3-78　向后推/拉

☞ **步骤 9**　双击左边柜门造型线条的面（见图 3-79），进行群组，进入组，用推/拉工具向外推/拉 10（见图 3-80）。退组，再次单击选择，用【Ctrl】键和移动工具复制一个柜门，放置到有柜门的正确位置（见图 3-81）。

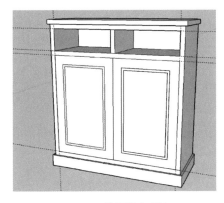

图 3-79　将面进行群组

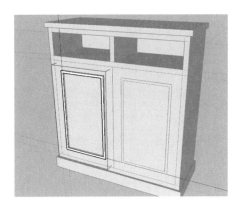

图 3-80　将组向外推/拉

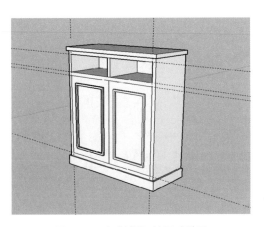

图 3-81　复制柜门并正确放置

☞ **步骤 10** 按【Ctrl】键的同时激活推/拉工具，推/拉鞋柜的顶面，进行复制推/拉，鞋柜的顶部会出现一个新立方体；将复制推/拉出的立方体的四个立面向外推/拉 15。删除参考线，完成鞋柜的模型创建（见图 3-82）。

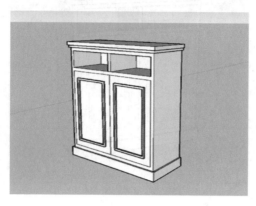

图 3-82　创建完成的鞋柜模型

第 4 章　SketchUp 材质与贴图

4.1　材质与贴图

SketchUp 可以给物体赋予材质贴图，包括：① 单个表面和边线的赋予；② 多个表面或边线的赋予；③ 群组材质的赋予；④ 组件材质的赋予。

SketchUp 中的材料材质填充工具用来指定图元的材质和颜色。

（1）基础操作

① 单击"材质填充工具"，打开材质浏览器，通过材质浏览器中的下拉列表选择材质库。

② 从材质库中选择材质。

③ 单击要涂刷的平面。

（2）功能键

① 使用材质工具进行贴材质时，同时按下【Shift】键，材质就会贴到被选对象的全部表面上。

② 使用材质工具进行贴材质时，同时按下【Ctrl】键，材质就会贴到被选对象的所有相连的表面上。

③ 激活材质工具后，按下【Alt】键将激活吸管工具，吸管工具可以对场景中任意物体的材质进行采集并使用。

4.2 材料浏览器

4.2.1 材料浏览器（材质浏览器）

材质浏览和材质编辑面板在窗口右侧，单击窗口右侧"材料"展开材质浏览面板，如图4-1所示。

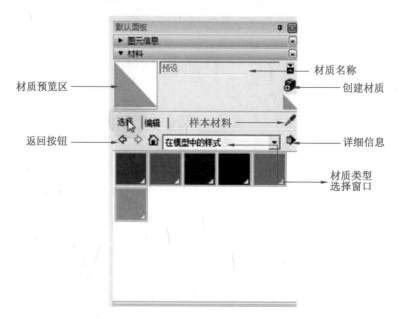

图4-1 材质浏览面板

对图4-1所示界面的介绍如下。

① 材质预览区：显示的是当前材质。

② 返回按钮：当连续进行默认材质库里面的不同材质类型选择时，可返回上一次的材质类型选择。

③ 材质名称：显示的是当前材质名称，并且可以对名称进行更改。

④ 材质类型选择窗口：可以在默认材质库里选择不同类型的材质。单击右侧下拉按钮，即可在下拉菜单中进行不同类型的材质选择。

⑤ 样本材料：吸管工具，可吸取图元上的材质，并作为样本。

⑥ 详细信息：控制材质编辑面板中材质图标的显示样式。

4.2.2 默认材质

SketchUp本身自带一定种类的材质库，能满足一般的物体材质需求。材质库的打开方法：

① 单击窗口右侧"材料"。

② 在展开的材质浏览器中选择"材料"（见图 4-2），即可打开默认材质库（见图 4-3）。

图 4-2　在材质浏览器选择"材料"

图 4-3　默认材质库

4.3　材质编辑器

4.3.1　材质编辑器面板

激活材质工具 ，可直接打开材料浏览面板，单击"编辑"，即可打开材料编辑面板（见图 4-4）。

对图 4-4 所示界面中的各区域介绍如下。

① 材质预览区：显示的是当前材质。

② 调色板：可以调整材质的颜色。移动调色盘中间的小方块，可以快速更换颜色。

③ 明度：可以调节贴图的明暗亮度。

④ 浏览材质图像文件：外部贴图浏览选择。

⑤ 不透明度：可以调节材质贴图的透明度，SketchUp 的任何材质都可以通过材质编辑器设置透明

度。SketchUp 通过一个临界值来决定一个表面是否产生投影，不透明度为 70% 以上的表面可以产生投影，70% 以下的不产生投影。另外，只有完全不透明的表面才能接受投影。任何透明材质的表面都不能接受投影。

⑥ 贴图尺寸：可以调整贴图的横向和竖向的尺寸。

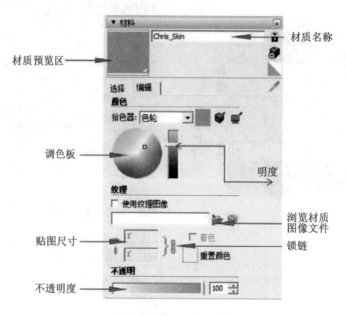

图 4-4　材料编辑面板

4.3.2　材质贴图的编辑

（1）调整材质贴图的大小

调整大小：在贴图卷展栏的下方，通过调整 ↔ ⬍ 按钮右侧框中的数字调整贴图的在纵横方向上的大小。

重设大小：单击纵横方向按钮 ↔ ⬍ 即可使贴图大小还原到默认状态。

单独调整大小：单击锁链按钮即可单独调整纵横方向的大小。

（2）调整材质贴图的颜色

重设颜色：还原颜色到默认状态。

在模型中提取材质 🖌：在保持贴图纹理不变的情况下，提取模型中其他材质的颜色与当前材质混合。

匹配屏幕上的颜色 🖌：在保持贴图纹理不变的情况下，用屏幕中的颜色与当前材质混合。

调色：勾选后可去除颜色与材质混合时产生的杂色

（3）调整材质贴图的透明度

在透明卷展下面的透明度滑块中调整滑块的位置，可改变物体的透明度。

（4）替换材质贴图

在材质浏览器的"编辑"选项卡中选择 🖼 图标，可以从外部选择图片替换掉当前模型中材质的

SketchUp草图大师基础操作与实例教程

纹理。

在材质浏览器的"编辑"选项卡中选择 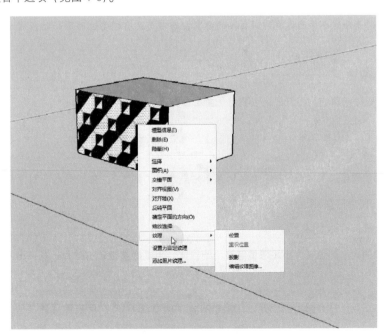 图标，可以打开默认的图片编辑软件对当前模型中的贴图纹理进行编辑。

（5）创建新的材质贴图

在材料浏览器界面中选择 图标，可在当前模型中创建新的材质贴图。

4.4　贴图类型及技巧

SketchUp 贴图按照使用需要，大体可分为 3 类：普通贴图、包裹贴图和投影贴图。

4.4.1　普通贴图

这种贴图是最普遍的，就是赋予平面一个贴图材质，这个贴图单元在这个平面上可以重复 n 次，也可以比平面大。

普通贴图的调整主要靠贴图坐标来调整。具体方法：在需要调整贴图的平面上右击选择"纹理"，打开隐藏面板各个选项（见图 4-5）。

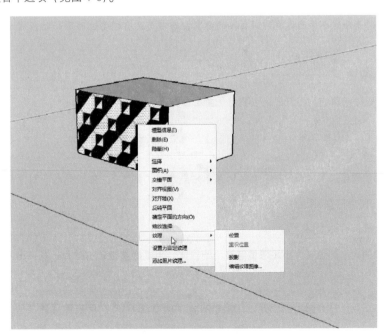

图 4-5　普通贴图的调整

4.4.2 包裹贴图

包裹贴图赋予一个立体图元一个贴图材质，并且转折面是无错缝贴图。如图4-6和图4-7所示，一个盒子的外包装图案的贴图，比较适合用包裹贴图方式，因为用包裹贴图，转折面无错缝。

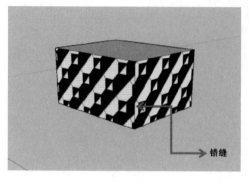

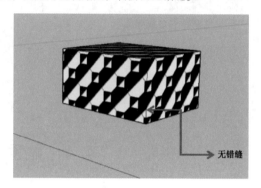

图4-6　普通贴图　　　　　　　　　　　　　　　　　图4-7　包裹贴图

包裹贴图的操作方法：

① 先给一个平面赋予贴图。

② 用贴图坐标调整好大小位置。

③ 用吸管吸取这个平面的材质。

④ 然后赋给其他相邻的平面。

注意：关键是用吸管吸取这个平面的材质，而不是在材质管理器中选择这个平面的材质。因为这个平面的材质被调整大小和坐标后具有自己独立的属性，这些属性是包裹贴图能够贴图无错缝的关键。其他平面需要赋予的是和这个平面具有相同属性的贴图，而不是没有调整过的原始贴图（材质管理器中的那个贴图）。

4.4.3 投影贴图

投影贴图是一种特殊的贴图方式，主要用于曲面贴图的无缝拼接。

投影贴图的操作方法：

① 创造一个圆柱体。

② 导入图片。单击"文件"，在"文件"菜单栏里选择"导入"，在"导入"对话框找到所需图片路径，点击"打开"即可将图片导入。

③ 将图像放在圆柱体前面。

④ 调整图像的大小，使其大小足够覆盖整个圆柱体。用鼠标右键单击图片，在弹出的对话框中选择"分解"。

⑤ 激活材质工具，打开材质浏览界面；单击右侧的吸管图标 ✎，用被激活的"吸管"单击图片；此时，图片自动作为新材质出现在材质浏览界面中的材质类型窗口中。

⑥ 单击材质浏览器中的材质，给圆柱体着色，材质就会自动包裹在圆柱体上。

第 5 章　SketchUp 常用高级工具

5.1　图　层

5.1.1　图层管理器

（1）默认图层

每个文件中都有一个默认图层，叫作"Layer0"（见图 5-1）。所有分配在"Layer0"的几何体，在编组或创建组件后，会继承组或组件所在的图层。

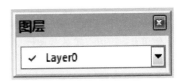

图 5-1　默认图层

（2）新建图层

要新建一个图层，只要单击图层管理器下方的"新建"按钮即可。SketchUp 会在列表中新增一个图层，使用默认名称，使用者可以修改图层名。

（3）图层重命名

在图层管理器中选择要重命名的图层，然后单击它的名称，输入新的图层名，回车确定。

（4）设置当前图层

所有的几何体都是在当前图层中创建的。要设置一个图层为当前图层，只要单击图层名前面的确认框即可。使用者也可以使用图层工具栏来实现，在确认没有选中任何物体的情况下，在列表中选择要设置为当前图层的图层名称（见图 5-2）。

（5）设置图层显示或隐藏

使用者可以通过图层的"可见"栏来设置图层是否可见（见图 5-2）。图层可见，则显示图层中的几何体；图层不可见，则隐藏图层中的几何体。使用者不能将当前图层设置为不可见。

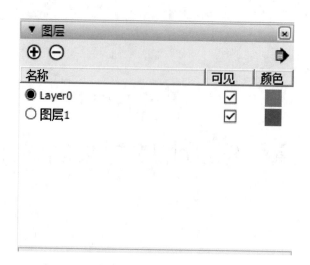

图 5-2　设置图层名称

5.1.2　更改实体所在图层

将几何体从一个图层移动到另一个图层，具体步骤如下：

① 选择要移动的物体。

② 图层工具栏的列表框会以黄色亮显，显示物体所在图层的名称和一个箭头。如果选择了多个图层中的物体，列表框也会亮显，但不显示图层名称。

③ 单击图层列表框的下拉箭头，在下拉列表中选择目标图层，物体就移到指定的图层中去了，同时指定的图层变为当前图层。

使用者也可以用实体的属性对话框来改变其所在的图层。在实体上右击选择"属性"，然后选择图层。

5.1.3　改变图层颜色、删除图层及清理图层

SketchUp 可以给图层设置一种颜色或材质，以应用于该图层中的所有几何体。当使用者创建一个新图层时，SketchUp 会给它分配一个唯一的颜色。要按图层颜色来观察使用者的模型，只要选中图层管理器下方的"按图层颜色显示"。

（1）改变图层颜色

单击图层名称后面的色块，会打开材质编辑对话框，使用者可以在这里设置新的图层颜色。

（2）删除图层

要删除一个图层，应在图层列表中选择该图层，然后单击"删除"按钮。如果这个图层是空图层，SketchUp 会直接将其删除。如果图层中还有几何体，SketchUp 会提示使用者如何处理图层中的几何体，而不会将之和图层一起删除。选择相应的操作，然后单击"删除"按钮确认。

（3）清理未使用的图层

要清理所有未使用的图层（图层中没有任何物体），在图层管理器下方单击"清理"按钮。SketchUp会不提示而直接删除所有未使用的图层。

5.2 阴影工具

草图大师是一个经常用于制作电脑模型的软件,利用草图大师不但可以做出逼真的模型效果,还可以模拟一定的现实环境,比如阴影。

5.2.1 阴影工具栏

如图 5-3 所示,阴影工具栏分 3 个部分: ① 显示/隐藏阴影,是阴影的开关按钮。② 月份调整栏,用于调整月份。③ 上下午时间调整栏,用于调整时间。

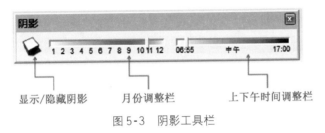

图 5-3　阴影工具栏

5.2.2 阴影控制

在草图大师中开启阴影显示后,草图大师会自动显示模型阴影,但此时为系统默认设置,可能并不是用户需要的阴影效果。在草图大师的阴影设置窗口(见图 5-4),可以拖动两个设置条对阴影进行调整,蓝色为时间设置,主要调整阴影的方向。调整两个设置条,让模型阴影适合模型即可,阴影最好能够体现模型的高度,不要过长也不要过短。如果是建筑模型,最好让阴影能够体现光照关系,将阴影调整到北面,可以更好地体现南面日照分析。

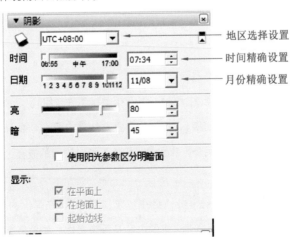

图 5-4　阴影设置窗口

北京时间是 UTC +8：00，如果需要其他地区的可以在下拉列表查找。

5.3　交错平面

模型交错其实就是三维的布尔运算。对两个及两个以上相交的物体执行模型交错命令，其相交部分会生成相交线，擦除不要的部分，能够得到特殊的形体。下面就来介绍一下模型交错的运用。

模型交错的作用：交错平面，常用的两项就是"切割"和"画线"。

模型交错是一个很简单的命令操作，它并没有对应的工具栏。运用时，只需在任意两个有部分重叠的物体上单击右键，在打开的菜单栏中选择"模型交错"，即可完成操作。

5.3.1　单独的实体面交错

没有群组的单独的实体，相互交错会被切割。

5.3.2　实体面与组或组件交错

实体面与组或组件交错时，组或组件不会被切割，实体面会被切割。

5.3.3　组或组件之间交错

组或组件之间交错，组或组件不会被切割，但是会生成新的线。

5.4　实体工具——增强的布尔运算功能

在 SketchUp 中，实体是任何具有有限封闭体积的 3D 模型（组件或组）。SketchUp 实体不能有任何裂缝或多余对象（平面缺失或平面间存在缝隙），比如一个立方体其中的一个面有一个洞或者有一条多余的线，那这个立方体就不是实体模型。另外，SketchUp 实体不能出现组的嵌套，比如两个实体组合一个组，那就不是实体模型。

如何查看模型是不是实体模型？右键单击"组件"或"群组"，在弹出的菜单栏中选择"模型信息"。在"模型信息"控制面板下面可以查看选定的内容是否为实体。如果是实体模型，则会显示出实体组或者实体组件（注：如果列出了体积，则选定内容为 SketchUp 实体；如果未列出体积，则选定内容不是实体，并有可能存在裂缝）。另外，如果不修复实体模型，则无法使用实体工具。如果要进行切割，可以用 SketchUp 自带的模型交错功能。

实体工具栏如图 5-5 所示，包括实体外壳工具、相交工具、联合工具、减去工具、剪辑工具和拆分工具。

图 5-5　实体工具栏

5.4.1　实体外壳工具

实体外壳工具如图 5-6 所示。

作用：可以把选择的多个实体对象合并成一个实体。

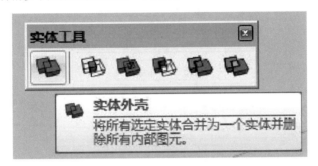

图 5-6　实体外壳工具

5.4.2　相交工具

相交工具如图 5-7 所示。

作用：可以把所选择的两个有重叠的实体合并，合并后只保留相互重叠的部分。

图 5-7　相交工具

运用：如图 5-8 所示，绘制两个实体对象，用移动工具将两实体进行任意重叠；选择这两个实体，激活相交工具，相交后，只剩下重叠部分。

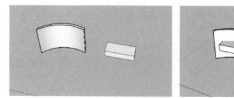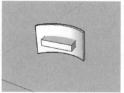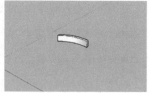

图 5-8　两实体相交

5.4.3　联合工具

联合工具如图 5-9 所示。

作用：可将选定实体合并为一个，但合并后原来的实体对象的内部构造，得到保留。

图 5-9　联合工具

5.4.4　减去工具

减去工具如图 5-10 所示。

作用：两个实体对象相交，减去工具将从第二个实体中减去第一个实体，剩余的实体部分得到保留。

图 5-10　减去工具

运用：减去工具常用于弧形墙体开洞口。如图 5-11 所示，创建两个实体 *a* 和 *b*，利用移动工具将两个实体重叠；选择两个实体然后利用减去工具即可得到新实体 *c*。

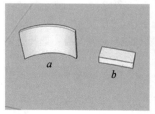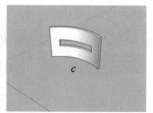

图 5-11　减去工具的应用

5.4.5　剪辑工具

剪辑工具（见图5-12）与减去工具的不同之处在于：两个模型都不会消失。使用减去工具后，只剩一个物体。

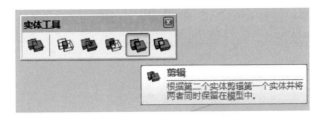

图5-12　剪辑工具

运用：如图5-13所示，创建两个实体 a 和 b，用移动工具将两个实体重叠；激活剪辑工具执行剪辑操作，得到新实体 c，且实体 b 得到保留。

图5-13　剪辑工具的运用

5.4.6　拆分工具

拆分工具如图5-14所示。

作用：将两个有重叠的实体按重叠的部位进行拆分，得到新实体，原实体并不消失。

图5-14　拆分工具

运用：如图5-15所示，创建两个实体 a 和 b，用移动工具将两个实体重叠；激活拆分工具，得到新实体 c、d、e；用移动工具把三个实体分开。

图5-15　拆分工具的运用

5.5 截面工具

用 SketchUp 快速表现建筑、景观方案时，为了展示内部结构或者空间效果，往往会用剖面来表示。在 SketchUp 中有一个切面工具可以很方便地完成剖面的制作，下面就介绍 SketchUp 剖切截面工具的用法。

5.5.1 剖切面工具

剖切面工具如图 5-16 所示。

作用：可以绘制实体对象的任意部位的剖切面，用于显示实体对象的内部构造细节。

图 5-16 剖切面工具

在绘制建筑设计图时，为了表达建筑物内部纵向的结构关系与交通组织，往往需要绘制剖面图。剖面图是用一个虚拟的剖切面将建筑物"剖开"成两个部分，并去掉一个部分，观看另一个部分。在 SketchUp 中，"剖切"这个常用的表达手法不但容易操作，而且可以"动态"地调整剖切面，生成任意的剖面方案图。

可以同时添加若干个不同方向的剖切面，以呈现不同的效果，但是同时只能激活一个剖切面。

隐藏剖切面时，直接选择"隐藏"命令，这时剖切面会被隐藏。如果需要恢复显示剖切面，可以选择"编辑"→"显示"→"全部"命令，这时被隐藏的构件都会在屏幕中显示出来。

5.5.1.1 基础操作

① 激活剖切面工具，此时屏幕中的光标自动变为带有方向箭头的绿色线框。

② 把绿色线框放置到实体对象上。

③ 单击鼠标左键，绿色线框自动变成剖切面，实体对象被剖切。

5.5.1.2 剖切面的调整

主要有两种方法：一是对剖切面进行旋转，二是对剖切面进行移动。

单击剖切面，剖切面变成黄色的激活状态，此时可以使用旋转工具或移动/复制工具对剖切面进行调整，以获得理想的剖面图。

5.5.1.3 实体操作

① 在 SketchUp 中打开一组沙发模型，如图5-17所示。

② 单击剖切面工具，把屏幕中出现的绿色框放置到沙发组的正前方，单击鼠标左键完成剖面的制作，如图5-18所示。

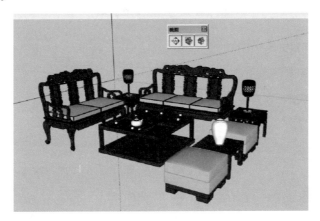

图5-17　沙发模型

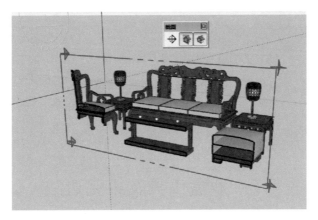

图5-18　制作剖切面

注意： 在 SketchUp 中，剖面图的绘制、调整、显示很方便，可以很随意地完成需要的剖面图。设计师可以根据方案中垂直方向的结构、交通、构件等去选择剖面图，而不是为了绘制剖面图而绘制。

5.5.2　显示剖切面工具

显示剖切面工具如图5-19所示。

作用：打开或关闭剖切面。

图 5-19　显示剖切面工具

5.5.3　显示剖面切割工具

显示剖面切割工具如图 5-20 所示。

作用：显示或隐藏实体对象被剖切工具剖切后的剖切截面。

图 5-20　显示剖面切割工具

5.5.4　剖面图导出

在菜单栏单击"文件"，在打开的菜单栏中选择"导出"，在"导出"的下拉菜单中选择"二维图形"，文件的格式选择 * . dwg 格式并给文件命名，完成剖面图的导出。

5.6　沙盒工具及柔化边线

5.6.1　沙盒工具栏

沙金工具栏如图 5-21 所示。

图 5-21　沙盒工具栏

5.6.2 等高线工具 🖎 和网络绘制工具 🖎

这两个工具是创建地形建模的工具。

等高线工具是将 CAD 中的等高线导入 SketchUp 中，然后创建地形。要求线性流畅且闭合，等高线越密集，地形越陡峭。

网格绘制工具是最常用的地形建模工具。

选择网格绘制工具，右下角可以输入网格间距（间距越小，地形越平滑，但是面也会增多），会生成一个成组的带网格的面。

5.6.3 曲面起伏工具 🖎

可以对网格绘制工具绘制的带网格的面进行编辑，生成高低起伏的地形。操作：双击进入带网格的面组内，单击曲面起伏工具会出现一个带半径的红色圆（右下角调整半径），所选区域会有很多小黄点。上下移动即可调整地形高差。

5.6.4 曲面平整工具 🖎

曲面平整工具可以在有起伏的地形如山坡上创建建筑。首先要有一个建筑，将建筑置于合适的位置，选择建筑的底面（如果建筑是成组的，那就复制一个底面来使用），再单击"曲面平整"工具。右下角可以输入偏移数值，大小根据情况调整。该偏移大小为建筑底面和地形交接的区域。单击地形，建筑和地形结合。

5.6.5 曲面投射工具 🖎

首先绘制一条路，置于地形正上方（见图 5-22），先选择道路，单击投影工具，然后单击地形，就会投射出一条道路线在地形上（见图 5-23）。

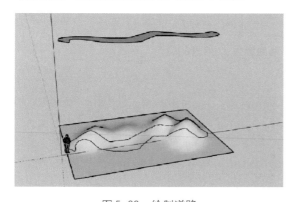

图 5-22　绘制道路

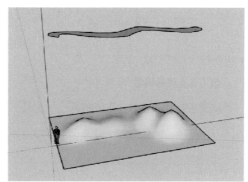

图 5-23　投影效果

5.7 场景工具

SketchUp 的场景工具主要用来记录相机的位置和角度，通过一些选项，也可以记录图层、阴影、对象隐藏等设置。简单地讲，新建一个场景就相当于增加一个 3Ds Max 的相机，同时还相当于记录了场景的状态。

5.7.1 场景面板

场景面板如图 5-24 所示。

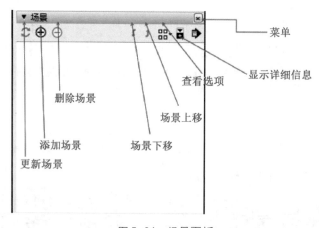

图 5-24 场景面板

5.7.2 动画设置

用来保存相机视图和生成动画。

① 场景的添加、删除、更新、上下移动等。

② 隐藏/显示详细信息。

③ 场景动画的播放与设置（视图→动画）。

④ 场景动画的导出（文件→导出→动画）：可以导出为动画，也可以导出为批量图像。

场景（页面）管理器的调出：窗口→"场景"。

包含在动画中：取消勾选，播放动画时自动跳过此场景页面。

名称：给所选场景页面重新命名

说明：可以给所选场景页面添加注释。

要保存的属性：控制场景页面要记录的模型属性。

5.7.3 动画实例

打开已经制作好的模型，以某商业办公楼为例。调整好美观的建筑角度，在上方工具栏依次选择"视图"→"动画"→"添加场景"。选择另外一个角度，并在"场景1"处单击鼠标右键，选择"添加场景"。用同样的方法，多选择几个角度。角度都选好后，在上方工具栏依次选择"文件"→"导出"→"动画"→"视频"在选项中选择输出的文件格式及参数，并选择导出。视频导入成功。添加场景的时候要尽量接近，否则容易出现"穿墙入室"的现象。

第6章 室内设计实例——卧室

6.1 整理 CAD 图

用 SketchUp 制作室内效果图、创建模型有多种方法，导入 CAD 图是常用的一种方法。导入前，需要对 CAD 图进入整理，整理 CAD 图的方法如下：

① 删除对建模没有作用的尺寸、标注、文字、轴线等，把各种图块炸开，将所有线型、线宽改为默认。

② 在 CAD 命令栏里输入"PU"，进行全部清理，清理多余的图层、图块，然后确认。反复检查和清理，一定要将图层数降到最少。

③ 在 AutoCAD 输入命令"change"，选择物体，输入"P"，修改标高，按【E】键就能找到相应的标高修改，指定新标高"0"，按【Enter】键，防止导入 SketchUp 后出现悬空的线条。

④ 最后的 CAD 图就只剩下一种形式的线及必要的图层，例如门、窗、台阶等需要建模的图层。

6.2 导入 SketchUp

按上述方法整理好 CAD 图，然后就可以导入 SketchUp 了。方法如下：

① 单击"文件"选择"导入"。

② 打开"导入"隐藏面板，更改文件类型为 CAD 文件格式（见图 6-1），选择需要导入的 CAD 文件。

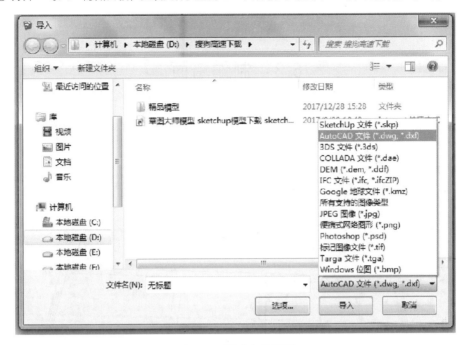

图 6-1　更改文件类型

③ 在"选项"按钮中，更改尺寸为毫米，单击"导入"按钮即可。

注意： 导入 CAD 图后，选中并用鼠标右键把导入的图炸开（见图 6-2）。

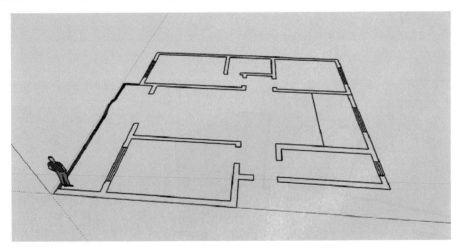

图 6-2　炸开导入的 CAD 图

6.3 制作墙面

☞ **步骤1** 在导入的图上找到卧室位置，用直线工具在墙体位置补线，SketchUp 会自动在墙体部位创建面（见图6-3）。用推/拉工具创建墙体（见图6-4）。

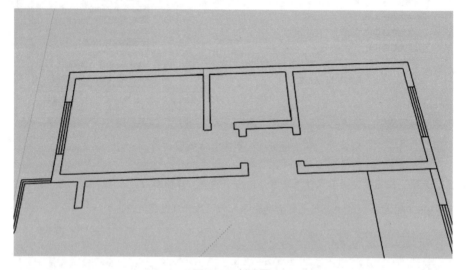

图6-3 创建面

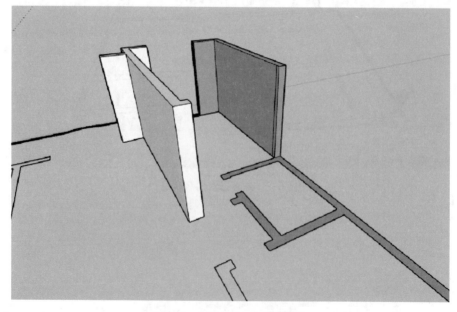

图6-4 用推/拉工具创建墙体

☞ **步骤2** 反转表面。SketchUp 中的面，分正面和反面并且可以任意反转。特点是正面上的贴图在 3Ds Max 中可以被认出，反面上的材质不被兼容通用。所以，为了保证通用性，应确认正面的朝向。室内建模看的是内部，那么必须用右键反转表面，把模型的正面统一朝向里面，以保证在室内看到的都是正面。

☞ **步骤3** 用矩形工具补窗口底面，并用推/拉工具向上推/拉 900（见图 6-5）。

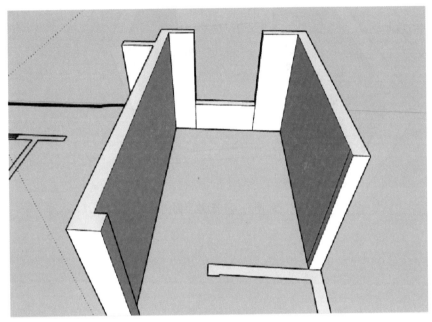

图 6-5 补窗口底面并向上推/拉

☞ **步骤4** 复制上一步创建的墙体的上表面，并向上移动 1 800（见图 6-6）。

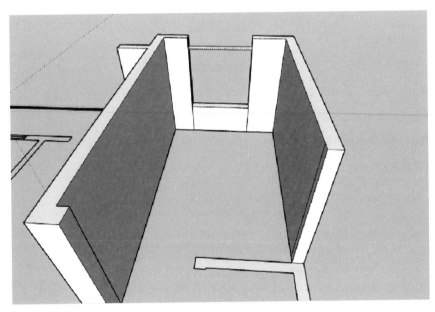

图 6-6 复制平面并移动

☞ **步骤5**　用推/拉工具把面向上推/拉补齐，完成窗口的创建（见图6-7）。

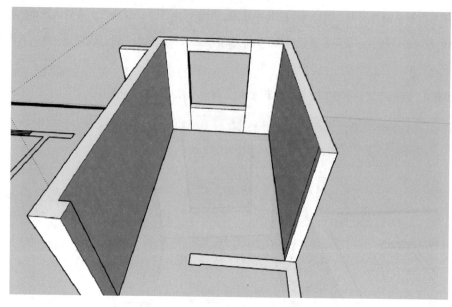

图6-7　推/拉平面

6.4　制作地面和天花板

（1）创建地面和天花板

地面和天花板的创建可以不分先后。这里先创建天花板，方法如下：

☞ **步骤1**　用矩形工具捕捉左下角墙体上方内侧顶点，然后向右上方墙体内侧顶点捕捉，完成顶面天花板的创建（见图6-8）。然后，将天花板进行群组。

☞ **步骤2**　将天花板进行复制，向下移动到地面的位置，完成地面的创建（见图6-9）。地面可以拉伸厚度，也可以不用拉伸。

图6-8 创建天花板

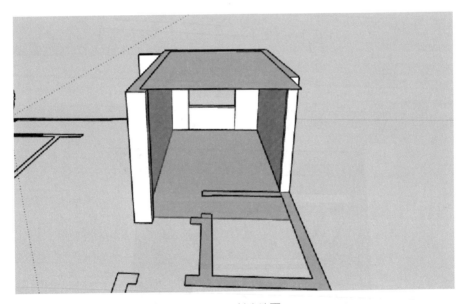

图6-9 创建地面

（2）天花板造型的创建

☞ **步骤1** 双击顶天花板，进入顶天花板群组，在顶平面上，按平面图结构的墙体位置进行补线（见图6-10），将天花板切割为 b 和 c 两部分。

☞ **步骤2** 选择切割后的天花板的 b 部分，用偏移工具，向内偏移400。

☞ **步骤3** 用推/拉工具把面向下推/拉150（见图6-11）。

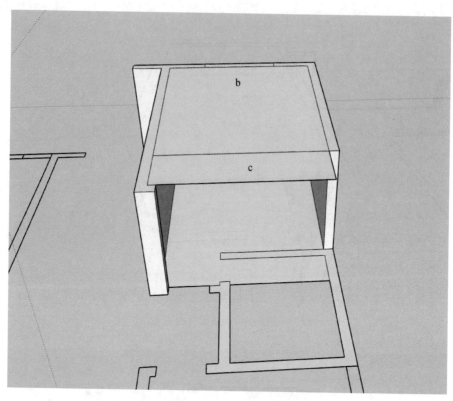

图6-10 分割顶天花板

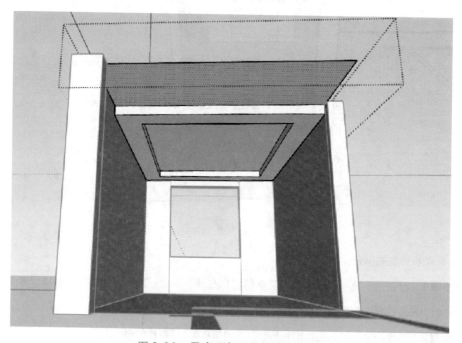

图6-11 卧室顶部天花板的创建①

☞ **步骤4** 把后面的顶面向下补齐，完成顶天花板创建（见图6-12）。

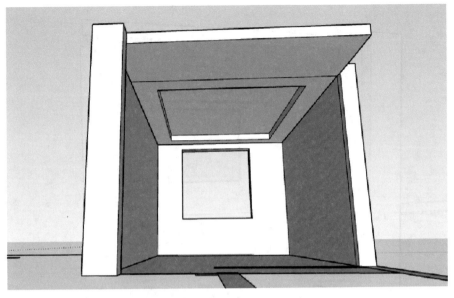

图 6-12　卧室顶部天花板的创建②

（3）创建踢脚线

☞ **步骤1**　选择地面，向上复制并移动 100（见图 6-13）。

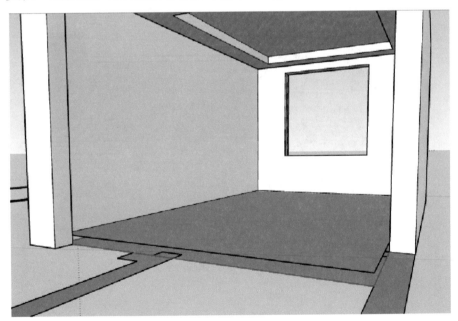

图 6-13　复制地面并移动

☞ **步骤2**　选择上一步创建的面，右键炸开，选择中间的面并删除，这时上步创建的面只剩下四条边线（见图 6-14）。

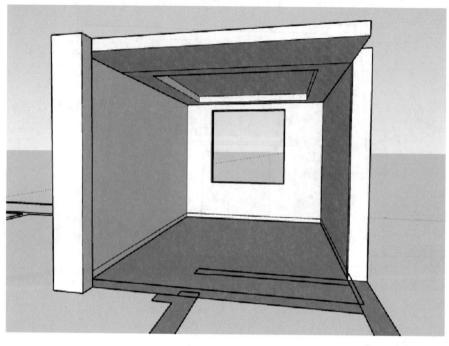

图6-14 踢脚线平面的绘制

☞ **步骤3** 选择墙面踢脚线平面，用推拉工具向外推/拉 15，完成踢脚线的创建（见图6-15）。

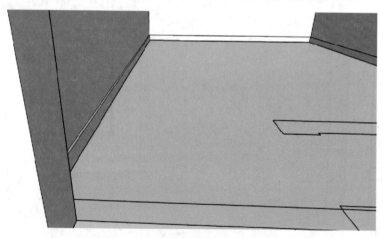

图6-15 向外推/拉踢脚线平面

6.5　导入家具模型

选择合适的家具，分批进行导入。

方法：单击"文件"，选择"导入"命令，找到所需的文件，导入即可。选择导入的家具，放置到合理的位置上（见图6-16）。

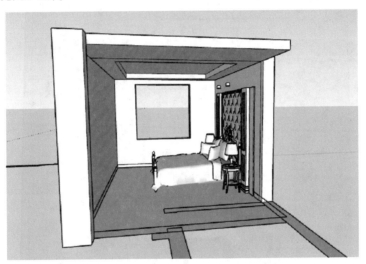

图6-16　导入家具模型

导入窗户组件，并放置到准确位置。然后用缩放工具调整，使之与窗口大小一致，完成窗户的创建（见图6-17）。

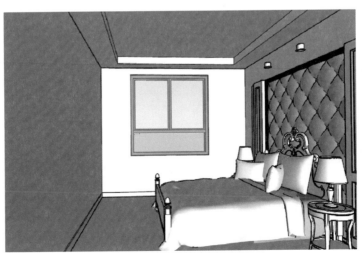

图6-17　导入窗户组件

6.6　添加贴图

　　运用第4章的贴图方法，分别给卧室的不同部位和家具添加贴图，完成卧室模型的创建（见图6-18）。

图6-18　添加贴图

第 7 章　室内设计实例——客厅

SketchUp 有很多室内建模方法，本章将运用另外一种室内建模方法。

7.1　整理 CAD 图

SketchUp 室内建模可以直接调用 CAD 图。为了更快地创建模型，首先要对 CAD 图进行清理，删除在 SketchUp 中对于创建模型没有用的部分。方法如下：

① 删除对建模具有作用的尺寸、标注、文字、轴线等，把各种图块炸开，将所有线型、线宽改为默认。

② 在 CAD 命令栏里输入 "PU"，进行全部清理，清理多余的图层、图块，然后确认。反复检查和清理，一定要将图层数降到最少。

③ 在 AutoCAD 输入命令 "change"，选择物体，输入 "P"，修改标高，按【E】键就能找到相应标高修改，指定新标高 "0"，按【Enter】键，防止导入 SketchUp 后出现悬空的线条。

④ 在 CAD 中用红线把需要的客厅内墙线重新绘制一遍（见图7-1），并复制出来（见图7-2）。

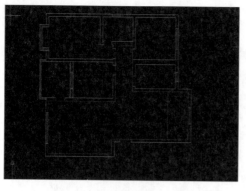

图 7-1　重新绘制客厅内墙线

图 7-2　复制客厅内墙线

7.2　创建建筑基础模型

　　CAD 图清理完成后就可以导入 SketchUp 了，把客厅、餐厅及走道的内墙线图导入 SketchUp。创建居室建筑模型的步骤如下：

　　☞ **步骤 1**　选择导入的图形，用右键炸开模型（见图 7-3）。

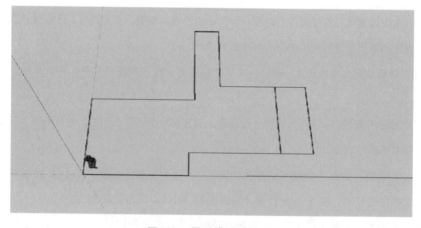

图 7-3　导入模型并炸开

　　☞ **步骤 2**　补线，创建面（见图 7-4）。

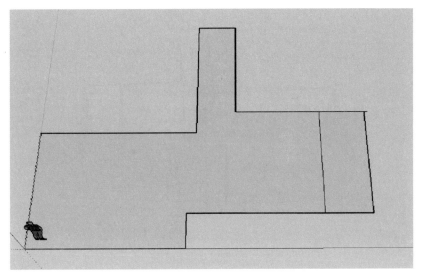

图7-4　创建面

☞ **步骤3**　用推/拉工具，把面向上推/拉2 900（见图7-5）。

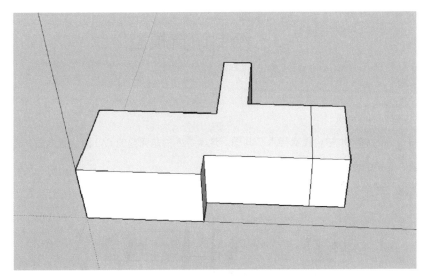

图7-5　向上推/拉平面

☞ **步骤4**　SketchUp中的面分正面和反面，并且可以任意反转。其特点是，正面上的贴图在3Ds Max中可以被认出，反面上的材质不被兼容通用。所以，为了保证通用性，应确认正面的朝向。室内建模需看其内部，那么必须用右键反转表面，把模型的正面统一朝向里面。反转完表面后，选择顶面和底面，用右键隐藏（见图7-6）。

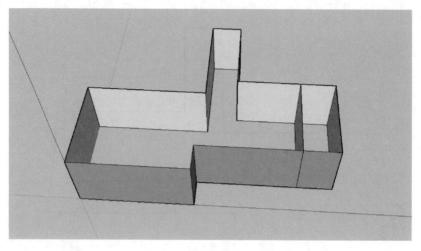

图 7-6　隐藏顶面和底面

7.3　绘制门窗模型

☞ **步骤1**　在 SketchUp 中，再次导入 CAD 图。这次导入的是完整的 CAD 图。导入后，把 CAD 图和创建的模型放置在正确的位置（见图 7-7）。

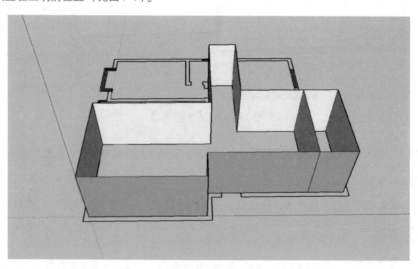

图 7-7　导入的 CAD 图

☞ **步骤2**　用直线工具以 CAD 图为依据，画出门（见图 7-8）。

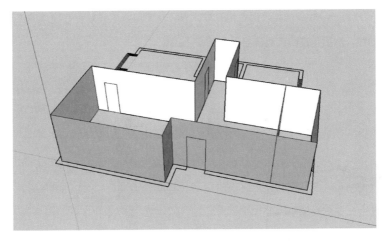

图 7-8　绘制门平面

☞ **步骤** 3　用推/拉工具向外推/拉 200，创建门洞及门（见图 7-9）。

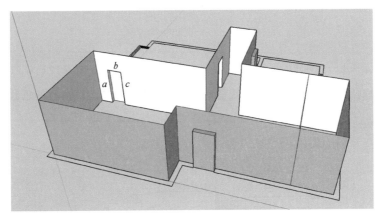

图 7-9　创建门洞及门

☞ **步骤** 4　选择门洞三段边线（图 7-9 中 *a, b, c*），用偏移工具向外偏移 80，然后用推/拉工具向外拉出 20，创建门套线（见图 7-10）。用同样的方法，创建其他门的门套线。

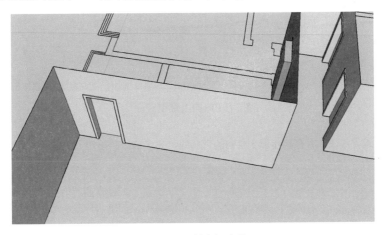

图 7-10　创建门套线

☞ **步骤5** 创建窗户。转到模型外部，用直线工具，从窗口端点开始，在窗口的左边和右边位置各画一条 900 的辅助线，然后用直线工具连接（见图 7-11）。

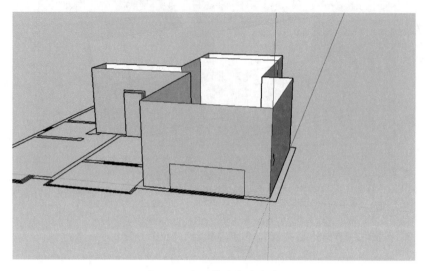

图 7-11 画辅助线并连接

☞ **步骤6** 选择上一步创建的那条线段，复制并向上移动 1 700（见图 7-12）。

方法：选择线段，按【Ctrl】键，激活移动工具，向上移动线段，在右下角数据控制栏输入"1700"。

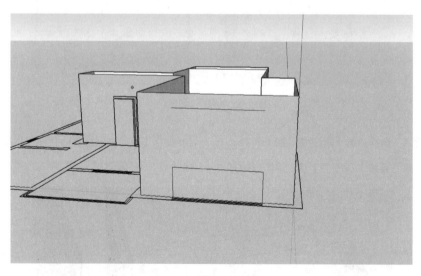

图 7-12 向上复制线段

☞ **步骤7** 连接线段，并删除步骤 5 绘制的辅助线，完成窗口的绘制（见图 7-13）。

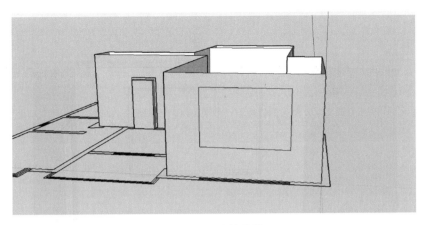

图 7-13 连接线段

☞ **步骤8**　用环绕工具把模型转到内部，然后用推/拉工具将窗口向外推/拉 200（见图 7-14）。

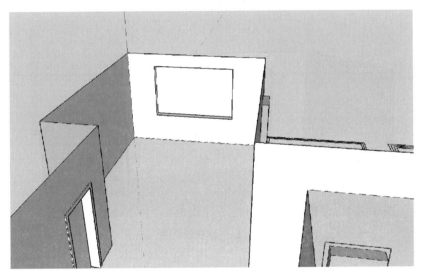

图 7-14 推/拉窗口

☞ **步骤9**　画辅助线。① 选择窗口里面的面，用偏移工具，向内偏移 50；② 用直线工具画出中线（见图 7-15）；③ 用卷尺工具从中线向两边各画一条辅助线，距离中线 25；④ 从上窗框内边线向下画辅助线，距离为 500，以此辅助线为基础再往下画一条辅助线，距离为 50（见图 7-16）。

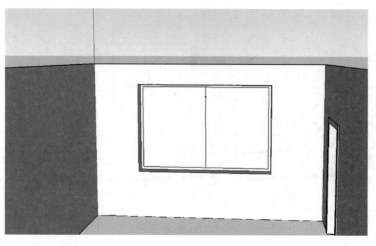

图7-15 绘制中线

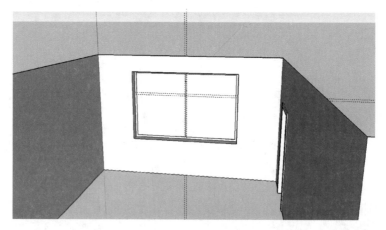

图7-16 绘制辅助线

☞ **步骤10** 用直线工具沿着辅助线补线，然后用推/拉工具向外推/拉 30，完成窗框的创建（见图7-17）。

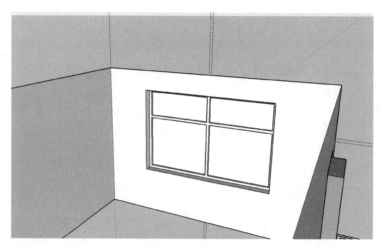

图7-17 窗框创建完成图

SketchUp草图大师基础操作与实训教程

7.4 绘制天花板模型

☞ **步骤1** 选择"编辑"→"取消隐藏",打开工具栏隐藏面板,勾选"全部"。

☞ **步骤2** 双击顶面,用右键进行群组。激活透视工具 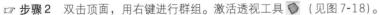（见图7-18）。

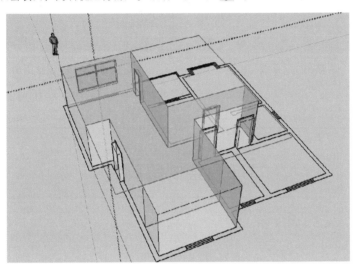

图7-18 顶面群组

☞ **步骤3** 双击顶面,进入顶面群组。用直线工具按设计要求进行顶面区域分割。这里,把顶面分割成客厅、走廊和餐厅三个部分。然后选择客厅部分的顶平面,用偏移工具向内偏移400。此时,客厅顶部的面自动被分割成两部分,选择中间的面,用偏移工具向内继续偏移100（见图7-19）。

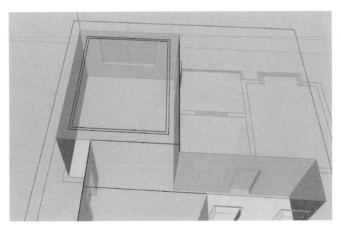

图7-19 选择客厅顶平面并向内偏移

☞ **步骤4**　用推/拉工具创建顶部造型结构。用截面工具隐藏多余的部分，在客厅内部，用推/拉工具把400的平面向下推/拉200，然后把100的平面向下推/拉80，完成客厅顶部造型的创建（见图7-20）。

指定窗户为透明材质，打开阴影按钮，调整设置，让阳光投进客厅（见图7-21）。

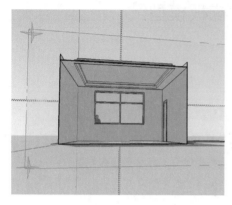
图7-20　创建客厅顶部造型结构

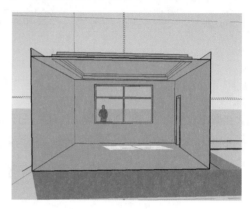
图7-21　设置阴影

7.5　绘制踢脚线

先隐藏顶部，退出截面工具，方便下一步操作。

☞ **步骤1**　选择底面，向上复制并移动100。选择复制的面，删除中间的面，只剩下四条边线。删除门及门框上多余的线段。

☞ **步骤2**　用推/拉工具把踢脚线的面向外推/拉15，双击其他部分，完成踢脚线的创建（见图7-22）。

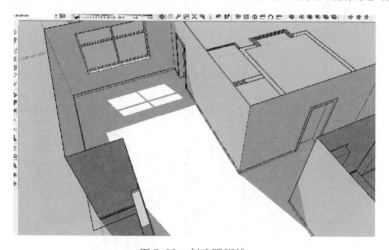
图7-22　创建踢脚线

7.6　导入家具模型

选择合适的家具，分批导入。

方法：单击"文件"，选择"导入"命令，找到所需的文件，导入即可，然后将导入的家具放置到合适的位置上。或者打开SketchUp模型库，选取合适的模型组件，直接按【Ctrl】+【C】键复制，回到客厅场景当中，按【Ctrl】+【V】键粘贴即可把家具调入场景（见图7-23）。

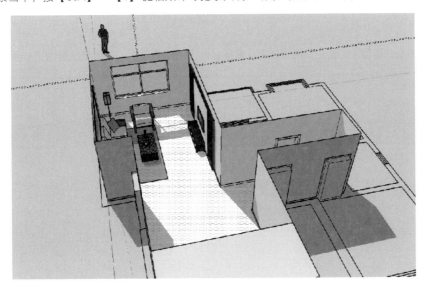

图7-23　导入家具模型

7.7　贴材质并保存页面

结合设计方案，完成电视背景墙的创建，对图元贴材质。选择"编辑"→"取消隐藏"，打开工具栏隐藏面板，勾选"全部"，取消隐藏。调出截面工具，把多余的部分隐藏，调整角度，完成客厅模型的创建（见图7-24）。

图 7-24　客厅创建完成效果图

　　在客厅模型的基础上，用户只需调入餐厅家具、制作顶部天花板，即可很快捷地进一步制作餐厅和走廊。

第 8 章 庭院景观实例

SketchUp 不仅仅在室内运用广泛，在室外环境景观设计中运用更广泛。SketchUp 可以快捷地创建各种景观场景，大到城市规划，小到庭院景观，都能轻松胜任。在进行景观场景创建时，准确的 CAD 线面模型非常重要，这些线面模型是景观中起控制作用的元素，是景观的骨架。

8.1 整理 CAD 图

在导入 CAD 图前，需要对 CAD 图进行如下整理：

① 删除对建模没有作用的尺寸、标注、文字、轴线等。

② 在 CAD 命令栏里输入"PU"，进行全部清理，清理多余的图层、图块，然后确认。反复检查和清理，一定要将图层数降到最少。

③ 在 AutoCAD 输入命令"change"，选择物体，输入"P"，修改标高，按【E】键，就能找到相应标高修改，指定新标高"0"，按【Enter】键，防止导入 SketchUp 后出现悬空的线条。

8.2 绘制建筑基础模型及庭院景观模型

（1）导入整理后的 CAD 图，创建地面

☞ **步骤 1** 用矩形工具绘制整个地面并群组（见图 8-1）。

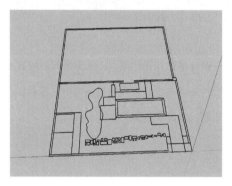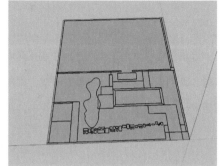

图 8-1 绘制地面并群组

☞ **步骤 2** 双击进入导入的 CAD 图组中，用【Ctrl】+【C】键把池塘曲线复制出来，退出组，然后双击进入地面组，执行"编辑"→"原位粘贴"命令。这样，CAD 图组中的池塘曲线就被复制到地面群组中了。由于执行的是"原位粘贴"命令，池塘曲线在地面的组中的位置不变。接着，在地面中把池塘的面删除，如图 8-2 所示。

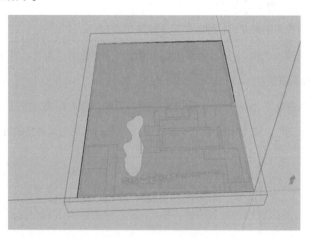

图 8-2 复制池塘曲线

☞ **步骤 3** 删除门口多余部分的面。用直线工具按原图勾线分割，然后删除多余的面（见图 8-3）。

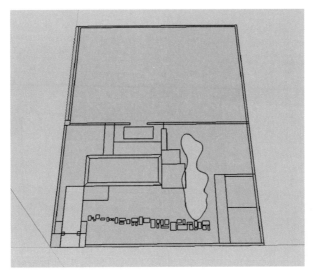

图 8-3　删除多余的面

（2）绘制围墙

☞ **步骤 1**　在模型外任意地方点击鼠标，退出地面组，接着重新选择模型，用鼠标点击一下，然后用右键隐藏。

☞ **步骤 2**　激活矩形工具，沿着模型外侧绘制一个面，把这个面单独群组。

☞ **步骤 3**　双击进入这个新建面的组，单击选择中间的面，用偏移工具向内偏移 240（见图 8-4）。

☞ **步骤 4**　用推/拉工具向上推/拉 3 000（见图 8-5）。

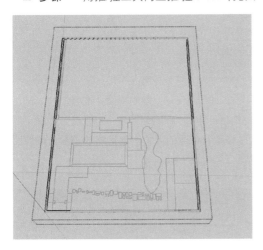

图 8-4　绘制庭院墙体底面

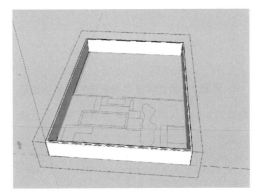

图 8-5　绘制庭院墙体

（3）绘制门口

☞ **步骤 1**　在门口墙上任意画两条线段（见图 8-6），用推/拉工具把线段中间的部分去掉（见图8-7）。

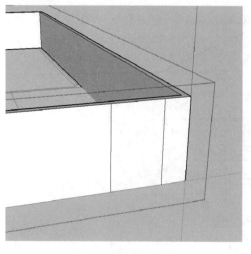

图 8-6　绘制两条线段

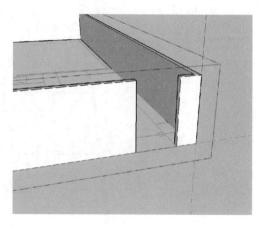

图 8-7　去除两线段的中间部分

☞ **步骤 2**　用推/拉工具将门口向两边开大一些（见图 8-8），然后选择门口一侧的较小的面，复制一个并群组，双击新复制的这个面，用推/拉工具拉一道小墙（见图 8-9）。

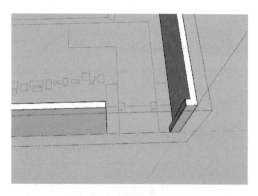

图 8-8　调整门口的大小

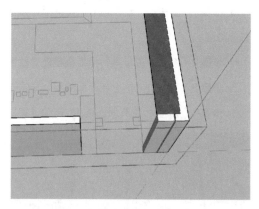

图 8-9　复制平面并推/拉

☞ **步骤 3**　用旋转工具把新建的小墙体旋转 90°，并移动到合适的地方。激活缩放工具，按原图调整墙体的大小（见图 8-10）。接着复制一个，移动到门口的另一边（见图 8-11）。

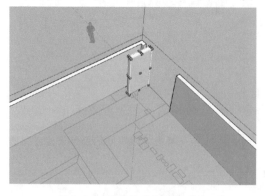

图 8-10　旋转墙体并调整大小

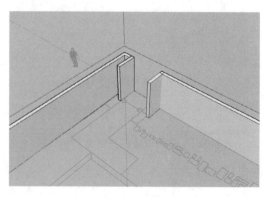

图 8-11　复制墙体

☞ **步骤4** 导入一个门楼的组件，并调整位置，使墙体和门楼组件衔接好（见图8-12和图8-13）。

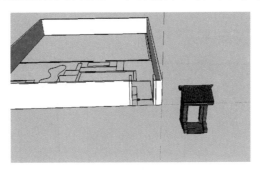

图8-12 导入门楼

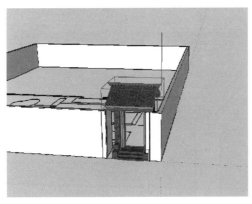
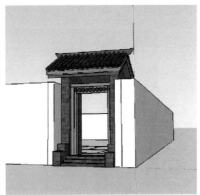

图8-13 调整门楼位置

（4）绘制墙的墙檐

☞ **步骤1** 隐藏门楼，在全部墙体的上端的内侧，用直线工具勾勒一条线，当作路径。然后在路径的一个端点上画一个截面，高度为100（见图8-14）。再用偏移工具将截面向外偏移20，再从偏移的截面的两端向下画20的线段并连接（见图8-15）。把顶部尖角去掉，修改成一个矩形，删除多余的线（见图8-16）。

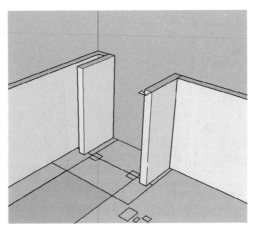

图8-14 绘制截面

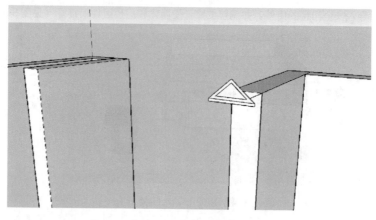

图8-15　向外偏移截面

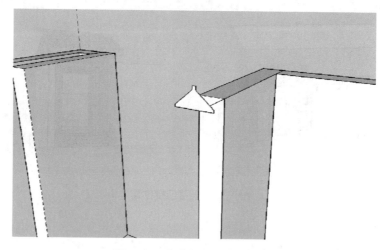

图8-16　修改截面顶部为矩形

☞ **步骤2**　选择上一步创建的路径，激活路径跟随工具，单击截面，完成墙檐的绘制（见图8-17）。

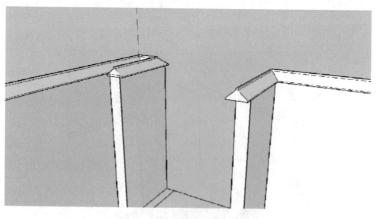

图8-17　墙檐的绘制

8.3 绘制地形与庭院相关设施

（1）绘制门口地面

☞ **步骤 1**　取消隐藏门楼，用直线工具从底部画线，绘制门口道路平面并对其群组（见图 8-18）。用推/拉工具向上推/拉，自动捕捉到门楼的地面上沿（见图 8-19）。

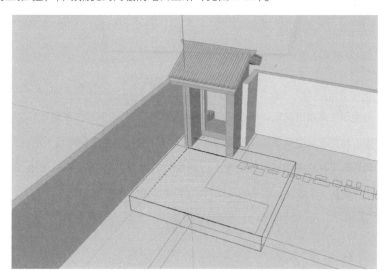

图 8-18　绘制门口道路平面

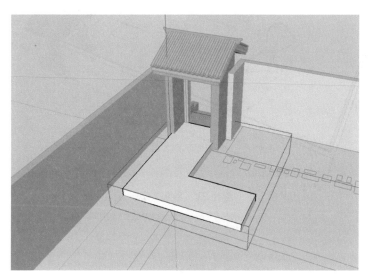

图 8-19　向上推/拉平面

☞ **步骤2** 用同样的方法，从底部补面，创建其他地面，地面高度保持一致（见图8-20）。

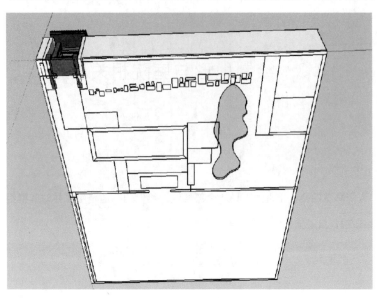

图 8-20　从底部补面

☞ **步骤3** 用矩形工具画出花坛，用推/拉工具向上推/拉650，用偏移工具把花坛上面的边线向内偏移120，再用推/拉工具把花坛中间面向下推/拉100（见图8-21）。调整门口花坛大小。

☞ **步骤4** 用矩形工具绘制花坛中间的地面。把绘制的地面向上推/拉超过道路100（见图8-22）。选择边线向里移动并复制一个线段，距离为300，向上推/拉100（见图8-23）。

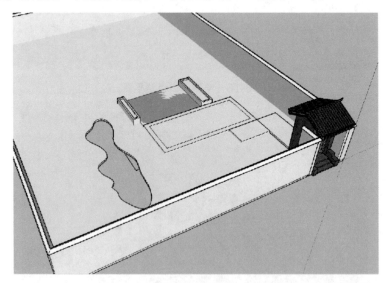

图 8-21　绘制花坛

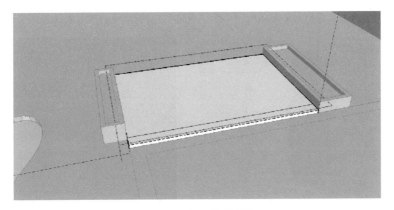

图 8-22　向上推/拉地面

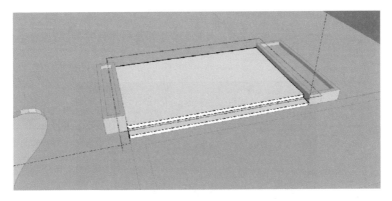

图 8-23　绘制踏步

☞ **步骤 5**　用步骤 4 中的方法画出剩余的踏步,并用缩放工具调整花坛高度,与门口踏步保持一致。选择最上面的面,向内偏移 400(见图 8-24)。

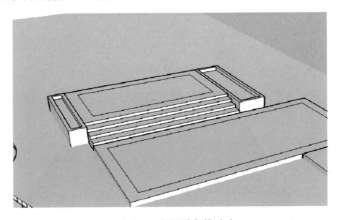

图 8-24　绘制剩余的踏步

(2)绘制水池

☞ **步骤 1**　双击进入水池组,在下面的弧线上任意补线,形成面。双击刚才创建的水池地面,用右键进行群组。进入这个组,用推/拉工具把地面拉出一个厚度,跟庭院地面一致(见图 8-25)。然后用缩放工具对刚才创建的水池形体的下面,按【Ctrl】键进行缩放(见图 8-26)。选择水池的立面 a(见图

8-26），用右键单击 a 面，在打开的对话框中选择"柔化"，对曲面进行柔化，使曲面变得光滑。

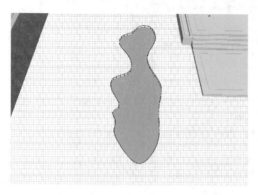

图 8-25　推/拉地面

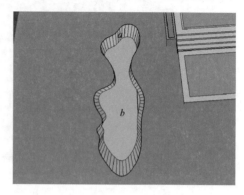

图 8-26　柔化曲面

☞ **步骤 2**　对水池底进行贴图。选择底面 b，向上移动并复制（见图 8-26），激活材质工具赋予水贴图（见图 8-27）。

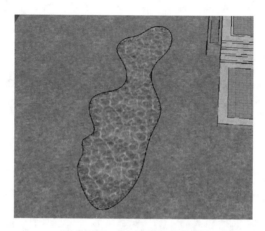

图 8-27　对水池底进行贴图

☞ **步骤 3**　对庭院其他部分进行贴图（见图 8-28）。

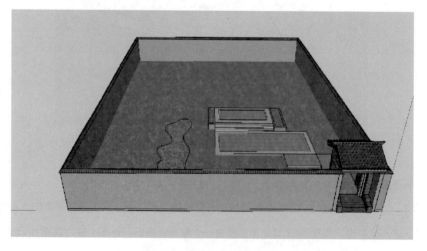

图 8-28　贴图完成效果图

（3）导入庭院相关组件

SketchUp 有庞大而丰富的模型组件库，可以极大地提高绘制速度。使用者可以到 Google 3d Warehouse 网站下载需要的模型。对于与庭院相关的家具模型组件，一般不需要一个个地进行创建，找到合适的模型组件，导入即可。例如这个实例中的别墅模型就不需要重新创建，找到模型库中的别墅模型组件导入即可（见图 8-29）。

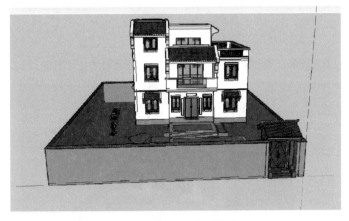

图 8-29　导入别墅模型

8.4　为场景放置植物等景观

选择"文件"→"导入"，导入植物、休闲椅子、石头、木质小桥等，并将它们调整到合适的位置（见图 8-30）。

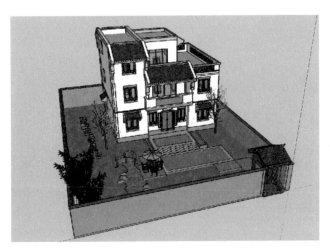

图 8-30　导入景观

8.5　保存页面并添加阴影

打开阴影设置，调整阴影，保存文件，完成别墅庭院景观的制作（见图8-31）。

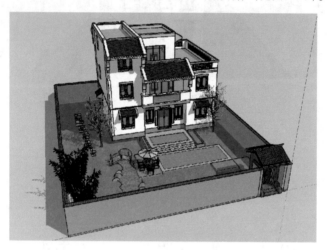

图8-31　庭院景观制作完成效果图

第 9 章　售楼部建筑景观实例

9.1　整理导入 CAD 图

在导入 CAD 图前，需要对 CAD 图进行整理。

① 删除对建模没有作用的尺寸、标注、文字、轴线等。

② 在 CAD 命令栏里输入"PU"，进行全部清理，清理多余的图层、图块，然后确认。反复检查和清理，一定要将图层数降到最少。

③ 在 AutoCAD 输入命令"change"，选择物体，输入"P"，修改标高，按【E】键，就能找到相应标高修改，指定新标高"0"，按【Enter】键，防止导入 SketchUp 出现悬空的线条。

④ 整理结束后，把需要的平面图导入 SketchUp（见图 9-1）。

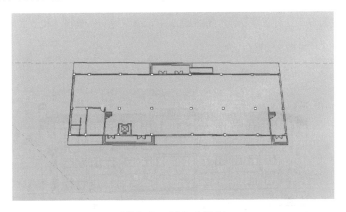

图 9-1　导入 CAD 图

9.2　绘制建筑基础模型及景观模型

SketchUp 创建模型的方法很多，在这个案例中，用与前面章节不同的方法创建模型。导入 CAD 平面图后不是先创建模型，而是接着导入立面图，通过立面图来创建主体建筑模型。

☞ **步骤1**　对于 CAD 立面图，用同样的方法进行删除整理，整理完后，导入 SketchUp。

☞ **步骤2**　CAD 立面图导入 SketchUp 后与地面平行，激活旋转工具把 CAD 立面图立起来，结合 CAD 平面图将其放到正确的地方（见图 9-2）。

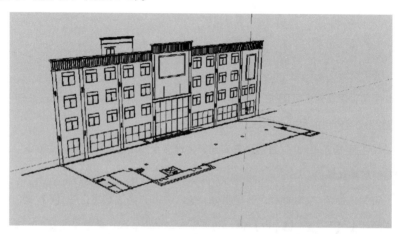

图 9-2　调整立面图位置

☞ **步骤3**　将建筑 CAD 立面 *a* 和 *b* 导入 SketchUp 中，激活旋转工具将 *a* 和 *b* 立起来，结合 CAD 平面图将其放到正确的地方（见图 9-3）。

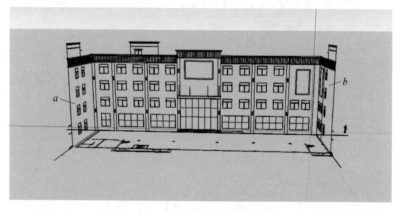

图 9-3　导入立面 *a* 和 *b*

☞ **步骤4** 在 CAD 立面图中补线生成面。这个过程的效率与导入的 CAD 图有很大关系，导入的 CAD 图越是仔细无差错，在 SketchUp 中创建面就越容易。导入 SketchUp 的 CAD 图会自动形成一个组，双击第一次导入的 CAD 图，也就是售楼部的正立面图，进入组。激活直线工具，在 CAD 图上按 *d* 线段重新画一遍，SketchUp 就会自动将 CAD 图中的线转换成面（见图9-4）。继续补线，直至 CAD 图中的线全部转换成面（见图9-5）。

图9-4　补线

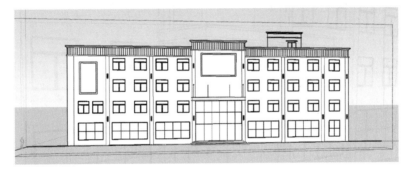

图9-5　补线完成

☞ **步骤5** 用推/拉工具创建柱子。把柱子的面向外推/拉300。中间门口柱子向外推/拉400（见图9-6）。

图 9-6　创建柱子

☞ **步骤6**　绘制门口踏步。用推/拉工具把踏步的面向外推/拉，对齐到 CAD 平面图上。将雨棚向外推/拉 3 000，雨棚侧立面的中间部分往里推/拉 100（见图 9-7）。

图 9-7　绘制门口踏步

☞ **步骤7**　以 CAD 立面图为依据，用直线工具和推/拉工具绘制一个窗户，直线工具画面，推/拉工具推/拉出厚度。贴一个透明材质，创建窗户组件 g（见图 9-8），在组件对话框中选择开口。激活移动工具，按【Ctrl】键将窗户 g 进行复制，并移动到其他窗户上（不包括一楼的大窗户），完成标准窗户的绘制。

图9-8 创建窗户组件

☞ **步骤8** 用直线工具和推/拉工具绘制一个大窗户 h，将这个大窗户 h 创建成组，在组件对话框中选择开口。用【Ctrl】键和移动工具复制四个大窗户组件 h，并依次放到对应的位置，完成一楼大窗户的创建（见图9-9）。

图9-9 绘制一楼大窗户

9.3 绘制地形与周边园建设施及广场景观模型

道路地形的绘制一般比较简单，常用两种方法绘制：一种是把道路地形分成不同的部分，分别创建模型；另一种是创建一个基础模型，用道路贴图来完成。第二种方法的速度要比第一种快得多。

分别创建道路模型这种方法，速度慢但是细节丰富。方法也有两种：① 在 CAD 图中画线，导入 SketchUp 中推/拉创建。② 到 Google 3d Warehouse 的网站寻找并下载需要的模型。或者在国内的模型库网站下载，导入 SketchUp 进行编辑修改。

这里采用分别创建模型的方法绘制道路地形，在 Google 3d Warehouse 中寻找合适的模型下载，保存为组件。

☞ **步骤1** 在侧面立面图上补面，侧面没有其他造型，直接把窗户组件复制装上即可。

☞ **步骤2** 导入下载的道路组件，用缩放工具调整大小，放置到合适的位置（见图9-10）。

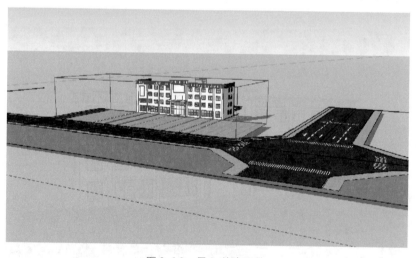

图9-10 导入道路组件

☞ **步骤3** 用缩放工具和推/拉工具调整售楼部的地面，让地面与导入的道路组件模型相衔接（见图9-11 至图9-13）。

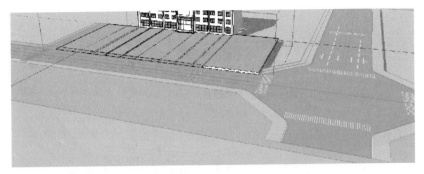

图9-11　调整售楼部的地面与导入的道路模型的位置

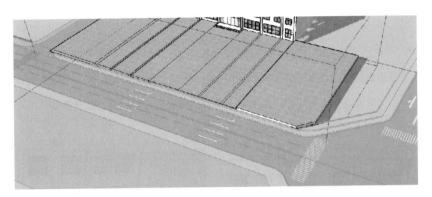

图9-12　调整售楼部的地面与导入的道路模型的衔接

顶

图9-13　补齐售楼部模型顶前

☞ **步骤4**　补齐售楼部模型顶（见图9-14）。用直线工具或矩形工具将售楼部顶部封顶。

图9-14 补齐售楼部模型顶后

☞ **步骤5** 用矩形工具和推/拉工具，创建售楼部前面的花池。① 用矩形工具先画一个3 000*14 000的矩形并创建组件（见图9-15），向内偏移300；② 用直线工具切割掉一个角（见图9-16）；③ 向上推/拉400，中间的面向下推/拉200；④ 复制一个移动到右边，用右键"反转方向"命令把组件反转过来，用缩放工具调整大小，对齐到主体建筑（见图9-17）。

图9-15 绘制矩形

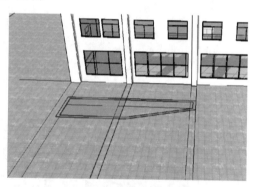

图9-16 切割矩形的角

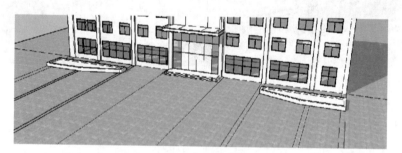

图9-17 复制花池

☞ **步骤6** 导入景观，用缩放工具调整大小（见图9-18）。

图9-18 导入景观

9.4 为场景放置植物等景观

场景中的植物类基本不用创建，直接调用模型组件即可（见图9-19）。

图9-19 为场景放置植物景观

9.5 保存页面并添加阴影

激活阴影工具，调整阴影位置。保存页面，完成模型制作。图纸随后用 Photoshop 做环境氛围，添加配景建筑等事物（见图 9-20 和图 9-21）。

图 9-20 阴影设置

图 9-21 添加配景建筑